构建
分布式服务云架构

网络、安全和存储服务

[意] 西尔瓦诺·盖伊（Silvano Gai）◎著

刘准 邢业平 朱华兴 张晨◎译

罗曙晖◎审校

Building a Future-Proof Cloud Infrastructure
A Unified Architecture for Network, Security, and Storage Services

U0255872

机械工业出版社
China Machine Press

图书在版编目（CIP）数据

构建分布式服务云架构：网络、安全和存储服务 /（意）西尔瓦诺·盖伊著；刘准等译 . -- 北京：机械工业出版社，2022.4
（云计算与虚拟化技术丛书）
书名原文：Building a Future-Proof Cloud Infrastructure: A Unified Architecture for Network，Security, and Storage Services
ISBN 978-7-111-70410-2

I. ①构…　II. ①西…　②刘…　III. ①云计算　IV. ①TP393.027

中国版本图书馆 CIP 数据核字（2022）第 047864 号

北京市版权局著作权合同登记　图字：01-2020-5364 号。

构建分布式服务云架构：网络、安全和存储服务

出版发行：机械工业出版社（北京市西城区百万庄大街 22 号　邮政编码：100037）	
责任编辑：王　颖	责任校对：殷　虹
印　　刷：三河市宏图印务有限公司	版　　次：2022 年 4 月第 1 版第 1 次印刷
开　　本：186mm×240mm　1/16	印　　张：14.5
书　　号：ISBN 978-7-111-70410-2	定　　价：89.00 元

客服电话：（010）88361066　88379833　68326294　　　　投稿热线：（010）88379604
华章网站：www.hzbook.com　　　　　　　　　　　　　　　读者信箱：hzjsj@hzbook.com

版权所有·侵权必究
封底无防伪标均为盗版

近些年，随着云越来越火热，云基础设施和云原生的概念也越来越常见。云平台设施为应用提供了弹性伸缩、动态调度、优化资源利用率等优势，让开发者能更好地聚焦于业务本身并借助云原生技术与产品实现更多业务创新，有效提升企业增长率，从而爆发出前所未有的生产力与创造力。

我们真正研究云平台，是在刘韵洁院士提出面向 2030 年的新型网络体系结构——服务定制网络的背景之下开始的。服务定制网络（Service Customized Network，SCN）作为一种未来网络体系结构，在云这一业务层面重点关注多云交换、边缘协同等场景，并正在深入探讨分布式云的系统架构与技术设想。深入了解后，我们对云网融合产生了浓厚的兴趣，并在随后以极大的热情投入其中。

在开始转向服务定制网络课题以及分布式云项目后，我们接触到了本书，在欣喜与激动之余，进行了细致的阅读和讨论，为书中内容的系统性与前瞻性所惊叹。本书介绍了云基础设施核心服务的相关技术，并通过计算和推理得出最佳的实现方式，为我们提供了最新的技术趋势观点。

本书由紫金山实验室未来网络中心团队翻译，主要参与的有刘准、邢业平和朱华兴，我们经过反复斟酌、讨论以及数十遍的修改，完成了本书的翻译。由于本书所涉及内容的广泛性，以及本书作者表述的跳跃性，我们在翻译的过程中并没有绝对追求一字不差，而是在某些地方以自身对于技术和行业的理解进行了适当串联，以帮助读者更好地理解。对于一些稍有歧义或者带有本书作者主观见解之处，我们在翻译时通过"译者注"的方式进行了标注，以期为读者提供更为全面的视角。由于水平有限，译文肯定有不当之处，如果读者在译文中发现翻译错误或任何可以改进的地方，非常期待您的指正和反馈，联系方式为 liuzhun@pmlabs.com.cn 和 zhangchen@pmlabs.com.cn。

紫金山实验室未来网络中心副主任张晨对本书做了大量细致的审校工作，并提出了很多专业意见。网络资深架构师罗曙晖也参与了热烈的讨论。两位以丰富的网络经验和独到的见解，加入了大量思考内容，使得本书更富有启迪性。

特别感谢紫金山实验室提供了有浓厚创新氛围的工作环境，让我们得以更自由地思考和讨论；感谢机械工业出版社给了我们翻译本书的机会；感谢编辑为本书的出版所做的细致入微的工作。

译者

写作动机

在我与 Roger Andersson 和 Tommi Salli 共同撰写的 *Cisco Unified Computing System* (*UCS*) *Data Center* 一书获得成功后，我决定撰写本书。

我将该书的出色反响归功于其中包含了大量关于协议、技术和系统演进的素材。该书讨论了数据中心正在发生的几个重大变化，从刀片服务器架构到以太网的主导地位，再到 I/O 整合的趋势。我们还对长期的演进做了一些预测，其中有些预测被证明是正确的。

在随后的 8 年中，变化的步伐急剧加快，我认为是时候写本新书了，以提供尽可能独立于实际产品的最新技术趋势。

本书重点介绍核心服务，如分段路由、NAT、防火墙、微分段、负载均衡、SSL/TLS、VPN、RDMA、存储，以及压缩和加密等存储服务。这些服务对于多用户使用的云非常重要，无论是私有云、公有云，还是混合云，这些服务都是至关重要的组成部分。特别是，本书介绍分布式服务平台，这些服务平台可以通过位于不同硬件组件（如网卡、设备或交换机）中的多个服务模块来实现。将这些服务模块尽可能地靠近最终的应用部署，可以实现高性能、低时延、低抖动、深层可观察性和快速故障处理。

本书的读者对象

本书面向的读者是所有想了解服务架构演变的 IT 专业人士。特别是，本书对以下人员有帮助：

- 网络工程师，负责二层 / 三层转发、CLOS 网络、VLAN、VXLAN、VPN 和网络服务。

- 云工程师，负责多租户、叠加网络、虚拟交换和通用路由表。
- 安全专家，负责防火墙、加密、密钥管理和零信任。
- 应用工程师，负责负载均衡、虚拟化和微服务架构。
- 高性能计算工程师，负责 RDMA 应用。
- 存储工程师，负责 NVMe 和 NVMe-oF，在动态和静态状态下进行压缩、重复数据删除和加密。

阅读本书后，读者将理解当前集中部署但离散存在的专用设备所带来的实际问题，并将理解尽可能把服务迁移到应用中的必要性；将拥有正确的知识来评估不同的商业解决方案——通过提出相关问题来比较这些方案，并做出正确的选择。

章节组织结构

第 1 章介绍对分布式服务平台的需求。该平台需要提供卓越的安全性、云一样的规模、硬件性能和低时延，同时又是软件可编程的，并且是一个易于管理、操作和故障排除，可用于裸机、虚拟机和容器工作负载的平台。本章探讨对领域专用硬件的需求，通过领域专用语言对网络、安全和存储服务进行编程，以满足日益增长的网络处理需求，因为摩尔定律已经达到了物理学的极限。

第 2 章介绍云和企业数据中心的标准网络设计，并对以下内容做了回顾：经典交换机路由器和 Hypervisor 虚拟层中使用的二层 / 三层转发算法，CLOS 网络和 Leaf/Spine 架构的要求，叠加网络的作用及如何确保其安全，分段路由，以及设备离散分布情况下的"转接"需求。

第 3 章讨论公有云、私有云和混合云以及虚拟化的趋势，介绍裸机、虚拟机和容器之间的区别。首先介绍 VMware 和 KVM 等虚拟化解决方案，特别强调了它们对网络和服务的影响；随后介绍一种可能的实现——微服务架构和容器技术，并提供关于 Docker 和 Kubernetes 的例子；最后以 OpenStack 和 NFV 的例子结束。

第 4 章介绍网络虚拟化服务，从 SDN 和 OpenFlow 以及业界最新的一些尝试如 gRIBI 等开始，然后讨论 DPDK、虚拟交换机、OVS、卸载技术 tc-flower、DPDK RTE 流、eBPF 和 VPP 等，并试图为这些众多的成果提供一个分类方法，随后介绍负载均衡和 NAT 等常用的服务。本章最后讨论关于遥测的问题。

第 5 章介绍安全服务。从像防火墙这样的常用服务开始，然后讨论微分段，再然后是关于对称和非对称加密、密钥存储、唯一密钥生成、数字证书、散列、TLS/TCP 实现和 VPN 等安全服务的深入探讨。

第 6 章介绍 RDMA 和存储服务。RDMA 诞生于高性能计算领域，但现在也被应用于企业和云网络中。NVMe 是新的存储标准，它取代 SCSI 成为高性能存储驱动器。

NVMe 还叠加在 RDMA 上，以一种称为 NVMe over Fabric（NVMe-oF）的方式提供对存储资源的全网访问。NVMe-oF 还可以使用 TCP 替代 RDMA 作为底层传输。本章通过增加基本的存储服务（如静态数据的加密、压缩和重复数据删除）来描述这种情况。

第 7 章讨论云和数据中心使用的服务器，特别关注了近年来性能增长趋势的明显放缓，需要领域专用硬件来接管服务功能；还分析了摩尔定律、Dennard 缩放定律、Amdahl 定律和 42 年的微处理器数据，以便更好地理解服务器的经济性，帮助读者决定如何划分服务器功能。

第 8 章描述了网卡（Network Interface Card，NIC）如何从负责一次发送和接收一个数据包的简单设备，进化到能够有效支持多核 CPU、多种类型流量、无状态卸载、SR-IOV 以及具备高级解析和分类功能的更复杂、更精密的设备。最近出现的 SmartNIC（智能网卡）一词表明，网卡具备更多的处理能力，以实现从主机 CPU 卸载网络处理。理解这种演变是非常重要的，因为网卡代表了分布式服务平台的部署位置之一。

第 9 章介绍 DS（分布式服务）平台，概述了 DS 平台的目标、约束和实现。获得一套标准的分布式功能是将架构扩展到大量用户的关键，同时提供可扩展性并保持低时延、低抖动和最小的 CPU 负载。本章比较了绿地（Green Field）和棕地（Brown Field）部署场景的实现和权衡。

第 10 章描述这些分布式服务平台的硬件实现，提出了三种主要方法：众核处理器、现场可编程门阵列（Field Programmable Gate Array，FPGA）和专用集成电路（Application-Specific Integrated Circuit，ASIC）。本章比较了每种方法的优缺点，并得出一些结论。

第 11 章介绍 P4 架构，该架构使得在运行时实现数据平面可编程的 ASIC 成为可能，这一重要特性将 FPGA 等设备的可编程性与 ASIC 的高性能和低功耗等能力结合起来。本章最后分析了 P4 未来的发展方向，使其更具灵活性和可用性。

第 12 章讨论利用分布式系统、无状态微服务和 API 驱动软件的概念，构建现代管理基础设施的架构组件和设计选择；介绍构建安全、高可用性、高性能和可扩展软件的综合设计，并进一步讨论管理系统的实用性，如部署的便利性、故障排除、诊断以及与现有软件生态系统的集成。最后，还涉及跨集群的声明式意图的联邦。

帮助改进本书

如果读者发现任何问题，请通过电子邮件与作者联系：dsplatforms@ip6.com。欢迎大家对本书提出意见，也请大家通过电子邮件发送。

我希望本书能提供可以应用到你的日常活动中的有用信息。

——Silvano Gai

本书的贡献者

- Diego Crupnicoff 贡献了第 6 章的全部内容，并帮助审阅了本书。
- Vipin Jain 和 Roger Andersson 贡献了第 12 章，并帮助审阅了本书。
- Francis Matus 提供了第 7 章中关于处理器历史演变的部分内容，以及第 10 章的数据。

　　Silvano Gai 在意大利阿斯蒂附近的一个小村庄长大，在计算机工程和计算机网络方面有超过 35 年的经验。他撰写了多本关于计算机网络的书籍和技术出版物，以及多份互联网草案和 RFC，拥有 50 项专利。他在意大利 Politecnico di Torino 担任了 7 年的计算机工程教授，在 CNR（意大利国家科学研究委员会）担任了 7 年的研究员。在过去的 20 年里，他一直在硅谷担任思科的研究员，是思科 Catalyst 系列网络交换机、思科 MDS 系列存储网络交换机、Nexus 系列数据中心交换机以及思科统一计算系统（UCS）的架构师。Silvano 目前是 Pensando Systems 公司的研究员。

　　Roger Andersson 在计算机和存储行业工作了 28 年多，工作经验横跨 EMC/Data General、Pure Storage、Veritas/Symantec 和 Nuova Systems/Cisco UCS，专注于大规模软件自动化、操作系统配置和大规模策略驱动管理。Roger 开始从事硬件工程，后来转到软件工程，在过去的 16 年里，一直担任技术产品经理。目前在 Pensando Systems 公司担任技术产品经理，主要负责大规模的分布式服务管理。Roger 出生在瑞典斯德哥尔摩。

　　Diego Crupnicoff 自 2017 年 5 月起成为 Pensando Systems 公司的研究员。在此之前，自 1999 年 Mellanox Technologies 公司成立以来，直到 2017 年 4 月他一直在那里工作，负责多代以太网和 RDMA 产品的芯片和系统架构，担任架构副总裁。在无限带宽（InfiniBand，IB）协会成立之初，Diego 就是该协会的成员，并参与了无限带宽 RDMA 标准的制定。Diego 还担任了多年的 IBTA 技术工作组主席，他也是 OpenFabrics 联盟的创始董事之一，并担任其技术咨询委员会主席多年。在过去的 20 年里，Diego 参加了多个其他 SDO 和技术委员会，包括 IEEE802、IETF、T11、

NVME 和 ONF。Diego 是计算机网络和系统架构领域的多项专利的发明人。他拥有以色列理工学院计算机工程学士学位（最优等成绩）和电子工程硕士学位（最优等成绩）。

  Vipin Jain 是一位充满激情的工程师，拥有 20 年的行业经验。多年来，他在交换、路由、网络协议、嵌入式系统、ASIC 架构、数据路径设计、分布式系统、软件定义网络、容器网络、编排系统、应用安全、开源、云基础设施和 DevOps 等领域做出了贡献。他拥有多项专利，并在许多会议上发表演讲，是 IETF RFC 的作者，也是开源工作的开发者和布道师。他喜欢为工作和娱乐而编码，还喜欢滑雪、徒步旅行、皮划艇和阅读哲学书籍。他拥有印度 NIT Warangal 的计算机科学学士学位，曾在多家成功的初创企业担任技术和管理领导职务，也是 Pensando Systems 公司的创始人和 CTO。

Acknowledgements 致 谢

感谢以下人员对本书的贡献：

- 感谢 MPLS 团队（Mario Mazzola、Prem Jain、Luca Cafiero 和 Soni Jiandani）和 Randy Pond，感谢他们让我参与了过去 20 年中一些最棒的网络产品的设计。
- John Evans 和 Boris Shpolyansky 花了很多时间来审阅本书，并提供了大量见解。
- Rami Siadous、Bob Doud、Stuart Stammers、Ravindra Venkataramaiah、Prem Jain、Kangwarn Chinthammit、Satya Akella、Jeff Silberman、David Clear 和 Shane Corban 提供了许多宝贵的意见。
- Chris Ratcliffe 帮助我整理了思路和术语，他是一位信息传递方面的大师。
- Mike Galles、Francis Matus 和 Georges Akis 与我坦诚地讨论硬件问题。
- Krishna Doddapaneni 对不同技术的性能进行了大量测量，并为本书做了总结。
- Pensando 顾问委员会的成员参与了许多有技术挑战性的讨论。
- Dinesh Dutt 是一位很好的朋友，他帮助我确定了本书的结构。
- Alfredo Cardigliano 提供了关于 DPDK 的素材和见解。
- Nital Patwa 帮助我更好地理解在 SoC 中集成 ARM 内核的意义。
- Elese Orrell 和 Darci Quack 是图形设计师，与他们一起工作让人感到轻松。
- 感谢 Brenda Nguyen 和 Rhonda Biddle 对本书的支持。
- 维基百科让本书的写作变得更加容易，我将把第一笔 1000 美元的版税捐给这个神奇的信息来源。
- 所有其他给我意见、建议、想法和评论的人，我深深地感谢你们。

目 录 *Contents*

第 1 章   Chapter 1

分布式服务平台介绍

在过去 10 年中，从单服务器向虚拟化过渡的速度越来越快。最初，这种情况发生在企业网内部，并产生了对虚拟网络的需求，而现在这种趋势已经迅速发展到云架构，并增加了多租户的维度。随着多租户的发展，对安全的需求也随之增加，每一个租户都需要网络服务，包括防火墙、负载均衡器、虚拟专用网络（Virtual Private Network，VPN）、微分段、加密和存储等网络服务，并需要与其他用户进行隔离，以保护自身服务。这种趋势在云提供商中非常明显，但现在一些规模较大的企业也在将其网络架构转为私有云，并且也需要保护网络用户之间的安全。

基于软件的服务往往是一整套的解决方案。服务器 CPU 在软件中实现了分布式服务架构，虚拟机或容器组成了实现服务架构的软件⊖，所有的网络流量都要先通过这个软件进行适当处理，之后数据包被送到最终的目的地（其他虚拟机或容器）。在通信的反向路径上，也是通过类似的方式进行处理。

纯软件的解决方案在性能上是有限的，时延和抖动都很高。此外，在裸机环境中由于整个服务器都专用于一个用户或一个应用，不能运行该服务架构的软件，这也是纯软件解决方案的一个很大的缺点。

分布式服务平台是一组管理控制平面和转发平面的组件，以分布式、高可扩展的方式实现标准的网络服务，如有状态防火墙、负载均衡、加密和叠加网络等，具有高性能、低时延、低抖动的特点。分布式服务平台没有固有的瓶颈，并具有高可用性。为避免在

⊖   即将实现服务的软件安装在虚拟机或容器中，并将虚拟机或容器部署在通信路径上。——译者注

实现不同功能的网络设备之间进行不必要的数据包转发，每个组件应该实现和链接尽可能多的服务。管理控制平面提供了基于角色的各种功能访问，其本身也是作为一个分布式软件应用来实现的。

我们提供一个新的术语——分布式服务节点（Distributed Service Node，DSN），来描述运行各种网络和安全服务的逻辑实体。DSN 可以集成到现有的网络组件中，如网卡、交换机、路由器和专用设备等。该架构还允许 DSN 以软件实现，即尽管只有硬件能够提供当今网络所需的安全和性能，但也可以通过软件实现 DSN。

DSN 离应用越近就越能提供更好的安全性，然而，DSN 最好在一个不受应用、操作系统或 Hypervisor 虚拟层影响的层次上实现。

拥有多个分布式的 DSN，可以显著提高可扩展性，有效地消除瓶颈。

这种架构需要有一个能够向所有 DSN 分发和监控相关服务策略的管理系统，只有通过这套系统该架构才是可行的。

分布式服务平台示意图如图 1-1 所示。

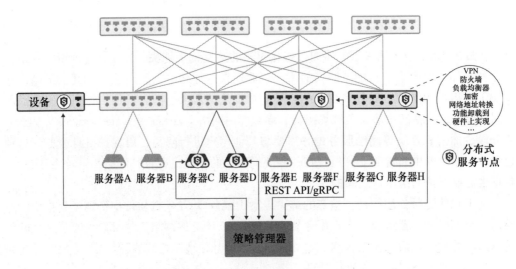

图 1-1　分布式服务平台示意图

1.1　分布式服务平台的需求

一个真正的分布式服务平台不仅要解决性能问题，还应该提供以下功能：

- 为裸机、虚拟机和容器提供一致的服务层。
- 边界内也不开放任何额外权利的泛在安全，即将安全与网络访问解耦⊖。

⊖　这里的边界是指网络边界，通常为用户定义的内网、外网边界。——译者注

- 安全解决方案，不受被入侵的操作系统或 Hypervisor 虚拟层的影响。
- 服务编排和服务链，简化管理，同时实现不同服务组合的交付。
- 资源利用率更高、性能更强、时延更低、隔离度更高。
- 提供对多种服务的网络流量进行故障诊断的工具。
- 内置遥测，用于端到端的网络故障排除，而不是调试单个系统、应用和网段，使基础设施能够主动报告潜在的问题和违规行为。
- 易于管理，并可一起使用的一整套基础架构服务，包括微分段、负载均衡、防火墙、加密服务、远程直接数据存取（Remote Direct Memory Access，RDMA）、存储虚拟化和 TCP/TLS 代理等基础架构服务与功能。
- 提供管理平面、控制平面和数据平面的可编程性，可以在不更换硬件也不延长硬件开发和发布周期的情况下，实现软定义的功能。

1.2　宝贵的 CPU 周期

近年来，由于摩尔定律的放缓以及 Dennard 缩放（Dennard scaling）比率定律的限制，单线程性能每年只增长几个百分点（见第 7 章）。同样，由于 Amdahl 定律中指出的关于并行化的问题，增加 CPU 的内核数只能起到部分性能提升的作用。

另一个重要的方面是，CPU 架构及其相关的操作系统并不是在数据包级实现服务的最佳匹配：比如对于中断而言，中断调节（interrupt-moderation）通过减少中断的次数以增加吞吐量，但同时会产生抖动激增的副作用。

随着处理器变得越来越复杂，处理器的周期正在变得越来越宝贵，这些宝贵的资源应该用于用户应用，而不是用于网络服务。纯软件的解决方案可能会占用三分之一的 CPU 内核数来实现网络服务，这在服务器高负载的情况下是不可接受的。这对基于软件的服务架构形成了很大的阻力。

1.3　领域专用硬件的案例

领域专用硬件可以被设计成特定功能的最佳实现。图形处理器单元（Graphic Processing Unit，GPU）就是一个成功的领域专用硬件案例。

GPU 的诞生是为了支持先进的图形化处理，它使用了计算领域中的矩阵代数，也同样适用于人工智能（Artificial Intelligence，AI）和机器学习（Machine Learning，ML）等其他工作负载。将领域专用架构与领域专用语言（例如 CUDA 及其库）结合在一起，引发了快速的创新。

另一个经常被忽视的重要衡量标准是每个数据包功率。当前云服务需要提供的速率需要达到 100 Gbps，对于一个合理大小的数据包来说，这相当于 25 Mbps⊖。一个可接受的功率预算是 25 W，相当于每秒每个数据包 1 μW。为了达到这个微小的功耗要求，选择合适的硬件架构是至关重要的。例如，现场可编程门阵列（FPGA）具有良好的可编程性，但无法满足如此严格的功耗要求。读者可能会有疑惑，每台服务器的功耗在 25 W ～ 100 W，这看起来似乎没有多大差别。不过，如果按照平均每个机架安装 24 ～ 40 台服务器来计算，每台服务器 75 W 的差距就意味着每个机架可以节省 1.8 ～ 3.0 kW 的功率，而 3 kW 是欧洲单户家庭的峰值耗电量。

在处理加密（包括对称和非对称）和压缩等功能时，为解决这些问题而设计的专用硬件架构的吞吐量要比通用处理器高得多，功耗也要低得多。

本书将向读者证明，一个适当架构的领域专用硬件平台，通过领域专用语言（Domain-Specific Language，DSL）进行编程，再加上用于压缩和加密的硬件卸载，是 DSN 的最佳实现。

虽然硬件是分布式服务平台的重要方面，但一个分布式服务平台也需要使用相当多的软件。

管理平面和控制平面完全是软件，某些场景下数据平面也必须由软件来定义，而硬件需要与软件配合使用，才能充分提高性能，同时降低时延和抖动。当我们比较不同解决方案的性能和时延时，差异可能是巨大的。在一个当前的主流解决方案中，数据流的第一个数据包会产生 20 ms 的时延，而在某个其他的解决方案中，同样的数据包在 2 μs 内处理完毕：这相差了 4 个数量级。

1.4 专用设备的使用

当前最常见的服务实现方式是通过专用设备来实现的，这些设备通常在网络中进行集中部署，并实现防火墙、负载均衡和 VPN 等特定的服务。这些专用设备都是离散的网络设备，流量通过一种转接串联的技术（见 2.7 节）发送给它们。这些设备很可能成为天然的流量瓶颈，并将会强制形成一个奇特的路由 / 转发拓扑结构。这些高成本的专用设备虽然性能也很高，但就算是能力最强的设备，与私有云所产生的流量相比，其性能也有一定的局限性。即使是小型私有云产生的流量也是很大的。这些性能上的限制，再考虑到数据包通过服务链时必须多次穿越网络，将会导致吞吐量的降低，同时还将引入高时延和高抖动。

⊖ 一个合理大小的数据包长为 500 字节，一个字节 8 bit，换算公式为 100 Gbps/8/500=25 Mbps。——译者注

分布式服务平台避免了对于这些集中式的大型专用设备的使用，而是依靠小型的高性能分布式服务节点（DSN），这些节点尽可能地靠近它们所服务的最终应用。DSN 也是多功能的，也就是说它们可以实现多种服务，并且可以在内部以任意顺序连接起来，而不需要无数次地穿越网络。

1.5　定义分布式服务平台的尝试

对于分布式服务平台的定义，首要的问题是：这个架构应该支持哪些服务？准确的分类是很困难的，甚至是不可能的，图 1-2 是一些与领域专用平台相关的典型服务的例子。

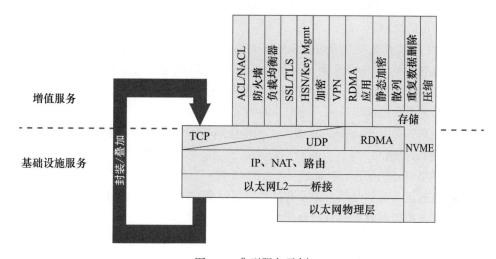

图 1-2　典型服务示例

从宏观角度，可以分为两类服务：基础设施服务和增值服务。

基础设施服务包括诸如以太网和桥接、IP 和路由、基于 NVMe 等现代协议的存储访问、RDMA 传输、TCP 终端和叠加网络处理等。

增值服务包括防火墙、负载均衡器、加密（包括对称和非对称，动态和静态）、密钥管理和安全存储、经典的 VPN（如 IPsec），以及更现代的 VPN（如 SSL/TLS）、存储压缩和重复数据删除等。

在本书中，我们将把基础设施服务和增值服务放在一起介绍，因为在大多数情况下它们是一起部署的。

真正的"分布式"网络架构可以追溯到软件定义网络（Software Defined Networking，SDN）。SDN 作为一种范例，最初是面向交换机和路由器的，后来被扩展应用到服务器上，它同时也提供了对于网卡中虚拟转发功能的控制能力与编程能力。

SDN 的主要关注点是基础设施服务，目前并没有过多地涉及增值服务，但 SDN 创建了一个框架，在这个框架中多个 DSN 能够在同一个管理者的协调下，共同实现分布式的服务与功能。

容器社区内还有一种开源的技术，称为服务网格（ServiceMesh），它定义了分布在节点集群中的服务，如负载均衡、遥测和安全等，并与管理控制平面相结合。ServiceMesh 使用 SideCar 作为应用程序的软件代理，在应用程序之间提供四层或七层的负载均衡功能和 TLS 安全，并为所有通过代理的流量提供遥测。管理控制平面提供了与 Kubernetes 等编排系统的集成，同时还提供了一个安全框架，对应用进行密钥管理，并定义了可以监控应用间通信的授权原语。虽然 ServiceMesh 是为容器设计的，但其中的概念和代码也可以用于虚拟机。目前已经有很多 ServiceMesh 的实现，比如 Istio、Nginx、Linkerd 和一些商业闭源的实现。

基于 DSN 可以实现一个增强的 ServiceMesh，通过将私钥保持在硬件信任根中，能够在不损失软件可编程性的前提下，为 ServiceMesh 提供更好的安全性，并能够在性能方面获得一个数量级的提高，降低应用间的通信时延。

分布式服务平台还试图解决一些额外的问题：

- 提供主机 / 应用 /Hypervisor 虚拟层的免疫防护，如果某个实体被破坏，其他实体不会受到影响；
- 提供网络以外的服务，比如存储、RDMA 等；
- 提供低时延、高吞吐量，以及有效的时延隔离，同时不影响应用性能；
- 提供可比拟云端的数百万次会话的处理规模。

ServiceMesh 是应用层的概念，而不是基础架构层的概念，但分布式服务平台可以与 ServiceMesh 一起使用。例如，分布式服务平台可以在虚拟化基础架构层提供隔离、安全、遥测等功能，而 ServiceMesh 可以提供应用层的 TLS、API 路由等。

1.6　分布式服务平台的要求

一个真正的分布式服务平台，要求 DSN 尽可能地贴近应用程序分布。这些 DSN 作为服务的执行点，其形态上可以有各种体现，例如 DSN 可以集成到网卡、专用设备或交换机中。拥有尽可能多的 DSN 是实现扩展、高性能、低时延和低抖动的关键。DSN 离应用越近，需要处理的流量就越少，其功率分布也就越好。

服务看起来是很好定义的，不会随着时间的推移而改变，但事实并非如此。例如，随着时间的推移，经常会引入新的数据包封装或改变旧的数据包封装，或者使用协议和封装的不同组合。为此，DSN 需要在管理平面、控制平面和数据平面上具备可编程的能力。控制平面和管理平面可能很复杂，但不是数据密集型，在标准 CPU 上能够以软件程序的形式进行编码。数据平面可编程性是一个至关重要的要求，因为它决定了架构的性能和扩展性。数据平面可编程的网络设备还是相当少见的，对于网卡也曾有过一些尝试，这些设备通常被称为智能网卡（SmartNIC），对于交换 / 路由设备则可使用 P4 作为领域专用编程语言。

　　一个优秀的服务平台，其监控与故障诊断功能同样重要。监控经过多年的发展已经有了很大的变化，其现代版本被称为遥测（telemetry），这不仅仅体现在名称上的改变，遥测还对性能的测量、收集、存储和之后的处理方式进行架构层次的改造。遥测越动态，越实时，就越有价值。一个理想的分布式服务平台具有"永远在线的遥测"，而且并不损失性能。同时，对于合规性的考虑也正在变得越来越关键，能够观察、跟踪和关联事件是至关重要的。

　　服务应用在哪里？为了回答这个问题，我们需要介绍一些基本的专业术语。常见的网络图绘制方法是：网络设备在上面，计算节点在下面。如果把罗盘方位图叠加在上面，那么南北向流量这个术语指公网（通常是指互联网）和服务器之间的流量；东西向流量这个术语指服务器之间的流量（如图 1-3 所示）。

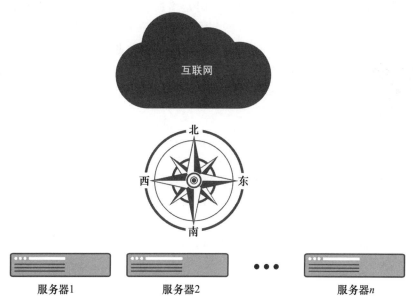

图 1-3　南北向与东西向

　　从历史上看，南北向一直是防火墙、SSL/TLS、VPN、负载均衡等专用设备的应用领域。南北向的安全，就相当于保护云端或数据中心的边缘。多年来，这一直是安全管理者的主要关注目标，因为通常所有的攻击都源于外部，而内部都是由同构的、可信的用户组成。

随着公有云的出现，攻击类型发生了变化⊖。大型企业出于合规性考虑而进行的分区、高度分布式微服务架构的引入，以及远程存储的应用，这些趋势正在导致东西向流量与南北向流量对于服务水平要求的趋同。

而且，东西向流量对于服务性能的要求比南北向流量更高，原因如下：

- 通常情况下，南北向流量有地域性的因素，比如由于传播时延的原因，穿过互联网至少会产生毫秒级的时延，而东西向流量则没有这种情况。
- 东西向流量的大小很容易比南北向流量高一个数量级，这种现象被称为"流量放大"，这是因为与南北向的入站请求相比，该请求所触发的出站响应和内部处理流量的大小可能要大得多，也就形成了"流量放大"。正因为如此，东西向流量要求更高的吞吐量。
- 随着固态磁盘（Solid-State Disk，SSD）的出现，存储访问时间大幅降低，对于存储数据包的处理时延也必须降低。
- 在微服务架构中，南北向上可能是一个简单的事务，但实际上这一事务的完成，需要由东西向上的微服务之间的多个交互组成。因此，考虑到这种累积性，东西向的任何时延都很关键，一个微小的时延增加，累积起来都可能会导致整体性能的大幅下降。

另外，拥有敏感数据的机构，如银行或医疗服务提供者等，都在考虑对所有的东西向流量进行加密。这意味着两个微服务之间的每一次通信都必须进行加密和解密，如果加密和解密服务无法做到线速处理和低时延，那么这将导致性能的大幅下降。

1.7　总结

这一章作为本书的引言介绍了分布式服务平台的概念，并对云计算不断发展所带来的新需求，东西向流量重要性的不断提升，以及领域专用硬件和通用管理的需求等方面进行了初步的分析。

从下一章开始，我们将展开介绍上述方面的内容。

⊖ 比如，多租户环境下攻击很可能发生在公有云内部。——译者注

第 2 章 | Chapter 2

网络设计

为了适应云网络与企业数据中心网络中引入的规模和带宽要求，近年来网络设计已经发生了很大的变化，因此，本书先用一章来介绍当前的网络设计。

多年来，传统的网络结构采用的是接入 – 汇聚 – 核心（Access-Aggregation-Core）模型，使用桥接、路由和 VLAN 等多种技术，这是一种基于二层的设计，网络核心的边界是二层和三层设备。这些二层的、基于生成树的、无环路的设计本质上限制了网络的横向扩展能力，难以解决日益增长的东西向带宽需求。应用不断地推陈出新，每一代的新应用都需要比上一代要求更多的带宽和更低的时延，新应用更加"媒体化"（从纯文本到图像，再到视频、高清、图像渲染等），同时，将应用构建成微服务的设计方式（见第 3 章）也进一步增加了应用内部不同模块之间交换的数据量。

在企业数据中心网络中，服务器的网络连接速度已经从 1 Gbps 发展到 10 Gbps，目前正在升级到 25 Gbps。在云基础设施中，支持的客户数量更是远远超过了企业数据中心，云中服务器以 40/50 Gbps 的速度连接，并向 100 Gbps 发展，这对数据中心和云网络提出了很高的要求，200 Gbps 和 400 Gbps 的链路需求现在已经变得很普遍⊖。

带宽速率并不是唯一的变化，应用已经从单体型应用发展到多层次扩展型应用（Web服务器、应用和数据库），并使用分布式数据库和无状态的分布式微服务，这些对东西向网络容量和网络服务产生了更多的需求。通常情况下，东西向流量能够占到数据中心整体流量的 70%，预计到 2021 年将达到 85%[1]。

⊖ 只有少部分 OTT 才有 400 Gbps 的需求，预计在 2022 年会规模使用。——译者注

随着规模和带宽的增加，以及应用架构的变化，接入–汇聚网络已经停止使用[⊖]，转而采用 CLOS 网络。CLOS 网络有很多优势，本章后面会介绍。CLOS 是三层路由网络，因此严格限制了物理网络内的二层桥接，为了继续支持有二层连接需求的遗留应用，引入了各种隧道技术，其中虚拟扩展局域网（Virtual eXtensible Local Area Network，VXLAN）成为最普遍和部署最广泛的行业标准（详见 2.3.4 节）。

本章将对这些话题进行深入的探讨，特别是以下内容：

- 桥接和路由的区别；
- 路由实现技术，如最长前缀匹配和缓存等路由实现技术；
- 大多数公有云和大型企业数据中心中采用的 CLOS 网络；
- 隧道技术的重要性以及如何保障隧道的安全；
- 分段路由和流量工程技术；
- 离散型设备和流量汇聚转接。

读完本章，读者将会发现恰当的网络架构设计以及基于硬件实现的路由和隧道，可以大大降低服务器 CPU 的负载，而可编程硬件的出现将使数据包封装能够随着新的抽象模型的产生进行平滑演进，确保较少的硬编码，同时又能为各种网络和分布式服务提供高性能、低时延和低抖动的处理能力。理解了网络架构设计，才能了解设备模型的局限性以及如何确定分布式服务节点的最佳位置。

2.1 桥接和路由

在过去的 25 年间，关于桥接和路由之间的争论一直非常活跃。以太网是二层唯一存活下来的技术，术语桥接（bridging）是当今以太网桥接的代名词，其行为由电气电子工程师协会（IEEE）在 IEEE 802.1 中定义 [2]，并通过二层桥实现。另外，IP 是三层唯一幸存的技术，路由（routing）是 IP 路由的代名词，其行为由 IETF[3]（Internet 工程任务组）RFC（Request For Comment）标准定义，并由路由器（router）实现[⊜]。

交换机和交换器是标准中不存在的术语，一般引入它们是为了表示多端口的二层网桥。现在交换机和交换器的用途已经扩展到了三层交换（我们应该正确地称之为路由），也扩展到了防火墙、负载均衡器和其他四层功能所使用的有状态的四层转发。与命名无关，理解二层转发与三层转发之间的区别对于网络设计是必不可少的。

⊖ 并没有停止使用，而是正在被逐步代替。——译者注
⊜ InfiniBand、Fibre Channel 等二、三层技术在数据中心也有应用，但互联网上 IP 是三层唯一幸存的技术。——译者注

2.1.1　二层转发

以太网数据包（通常也称为帧）的结构简单明了，它包含 6 个字段：目的 MAC 地址、源 MAC 地址、802.1Q 标签、Ethertype（数据字段的协议类型）、数据和帧校验序列（Frame Check Sequence，FCS）。其中，802.1Q 标签包含 VLAN 标识符（VLAN Identifier，VID）和优先级。

在这些字段中，二层转发中使用 VID 和目的 MAC 地址寻址，将 VID 和目的 MAC 地址串联起来，用精确匹配技术搜索 MAC 地址表的键值。如果找到了该键值，则按照表条目指示端口转发；如果没有找到这个键值对应的转发条目，则该帧就会被泛洪到除了入口之外的其他所有端口，试图尽力将该帧传送到目的地。

通常情况下，这种精确匹配是通过使用具有处理碰撞能力的散列技术来实现的，如通过重新散列来实现。为了提高查找性能，通常使用硬件来实现这些散列方案。

这种二层转发的机制要求转发拓扑结构为树状结构，以避免转发死循环和数据包风暴。对此，二层转发使用了生成树协议对网络拓扑结构进行修剪以生成一个树状结构，生成树的缺点之一就是为了阻断任何可能造成环路的连接，大大减少了网络中可用的链路数量，因此大大降低了网络带宽。为此，在现代网络设计中，桥接的作用被严格限制在网络的外围[⊖]，而网络核心采用三层路由。我们将在本章的 CLOS 网络和 VXLAN 节中继续讨论这个问题。

2.1.2　三层转发

三层转发与二层转发不同，如果数据包需要跨子网发送，则需要在 IP 路由表中使用最长前缀匹配（Longest Prefix Match，LPM）技术搜索目的 IP 地址。该路由表并不包括所有可能的 IP 地址，它只包含了前缀。例如，在 IPv4 中，路由表可能包含：

```
10.1.0.0/16 - 端口1
10.2.0.0/16 - 端口2
10.1.1.0/24 - 端口3
```

/n 表示在任何匹配中，只有左边的前 n 位才是有效的匹配位。假设一个数据包的目的 IP 为 10.1.1.2，第一个条目有一个 16 位匹配，第三个条目有一个 24 位匹配，必须选择最长的那个（更具体的那个）——也就是第三个条目，因此在端口 3 上转发数据包。

如果 LPM 在转发表中没有匹配到 IP 目的地址，则该数据包被丢弃。与二层转发相比，三层不转发那些没有匹配到路由表条目的数据包，这是两者之间的一个显著的区别，它消除了对树形拓扑结构的要求。在三层转发中，网络拓扑结构可以任意变化（即

　　⊖　指接入和汇聚网络的外网。——译者注

网络中的设备之间可以任意连接），暂时的环路是可以接受的，当数据包超过其存活时间（Time To Live，TTL）时就会被丢弃⊖。

LPM 可以在软件中使用各种数据结构和算法来完成 [4]。对于 IPv4，Linux 使用的是 LPC-trie，在低内存占用率的情况下提供了良好的性能；对于 IPv6，Linux 使用比较传统的 Patricia trie[5]。

2.1.3 硬件中的最长前缀匹配转发

通常在硬件中实现最长前缀匹配（LPM）转发，几乎所有的现代路由器（包括三层交换机）都采用了这种方法 [6-7]。

图 2-1 显示了这种方法的简单性：每个数据包的转发处理都独立于其他数据包，报文查找和决策时间是确定的，因此每秒钟处理的数据包个数（Packet Per Second，PPS）是基本可预测的、一致的，并且与流量类型无关。

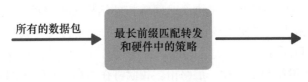

图 2-1 LPM 转发

有几种不同的方法来完成硬件中的 LPM，所有这些方法都需要执行"三态匹配"，也就是说，在匹配中，有些位是被"忽略"的（用字母"X"表示）。

例如，路由 10.1.1.0/24 被编码为：

```
00001010 00000001 00000001 XXXXXXXX
```

上述的 LPM 编码表示，在匹配过程中，最后 8 位将被忽略。

与二层转发中使用的二态匹配相比，三态匹配在硬件上的实现更复杂。一些商用路由器使用了 Patricia 前缀树的微码实现，另一些则使用一种称为三态内容寻址存储器（Ternary Content-Addressable Memory，TCAM）的硬件结构 [7]。TCAM 支持三态匹配，包含一个优先级编码器，编码器不是为了返回所有的匹配条目，而是返回最长的一条匹配条目，以符合 LPM 的要求。TCAM 的缺点是其占用了大量的芯片空间，而且功耗较高。

IPv4 目的路由需要一个 32 位的转发表，称为转发信息库（Forwarding Information Base，FIB）来存储所有的路由，其中存储的主要是内部的路由，因为与外界相关的路由

⊖ 暂时的环路可能是因为 IP 路由表仍在收敛，还没有达成一致，导致转发死循环，如果没有 TTL 控制，在这段时间内数据包会一直存活。——译者注

都是由几个指向默认网关的条目汇总而成。

FIB 的大小会因为如下几个因素增长：

- 多个路由表的存在（关于虚拟路由和转发的讨论见 2.1.4 节）；
- 在 IPv4 之外使用 IPv6，即 128 位地址代替 32 位地址；
- 支持组播路由。

使用 FIB 的另一个优点是，路由变更时可以直接升级 FIB，如果路由协议（例如，边界网关协议（Border Gateway Protocol，BGP）[8]）改变了一些路由，FIB 中的相关条目就会被更新，并且不会造成任何流量中断。

2.1.4　VRF

虚拟路由和转发（Virtual Routing and Forwarding，VRF）是一种三层网络虚拟化技术，它允许一个路由器中存在多个路由表实例同时工作，这样可以根据不同的路由表转发不同类型的流量。每个路由表实例都是独立的，因此在不同的路由表实例中，可以使用相同的 IP 地址，并且不会产生冲突。

在 VRF 中，每个路由器以对等的方式处理这些虚拟路由，也就是说，每个路由器根据一些本地标准选择路由表，最常见的是数据包的入接口（物理或逻辑接口）。

在实现上，VRF 根据数据包内的"标签"来选择路由表，常见的标签是 VLAN ID 或 MPLS 标签⊖。VRF 要求使用能够感知 VRF 的路由协议，如 BGP。

2.2　CLOS 拓扑结构

CLOS 网络是一种多层网络，由 Charles Clos 于 1952 年首次正式提出 [9]。图 2-2 所示的两层网络是最简单的 CLOS 实现。CLOS 网络可以被放大到任意的层数，这一点将在后面解释。

当前两层 CLOS 网络分为叶子（Leaf）和骨干（Spine），Spine 与 Leaf 相互连接，Leaf 连接网络用户。网络用户主要是服务器，但不只是服务器，在实际组网中，包括网络设备、广域路由器、网关等在内的任何网络设备都需要连接到 Leaf 上，而不需要连接到 Spine 上。这些网络设备一般都存放在机架上，每个机架的顶部单元中通常包含一个 Leaf，因此一个 Leaf 通常被称为机架顶部（Top of Rack，ToR）交换机。

⊖ 此处的 VLAN ID 是指子接口的 VLAN ID，而不是二层的 VLAN ID，二层的 VLAN 也是一种虚拟化技术，但是本书中并没有介绍。——译者注

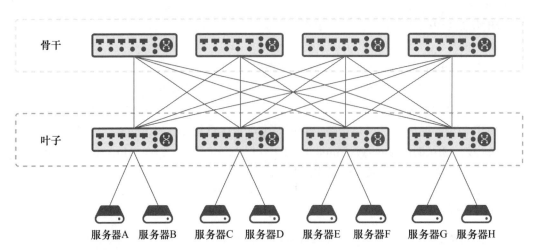

图 2-2　CLOS 网络示意图

因为 CLOS 可以横向扩展[⊖]，并且可以很好地支持东西向流量，所以 CLOS 拓扑结构在数据中心和云计算网络中被广泛使用。任意两台服务器之间都有多个等价路径，路由协议可以通过等价多路径（Equal Cost Multi-Path，ECMP）来均衡服务器之间的流量，并可以通过增加 Spine 来增加可用带宽。

传统的二层转发不适用于 CLOS 网络，因为其生成树协议会对 CLOS 网络中的连接进行大量的修剪，从而违背 CLOS 的设计原则。为此，在 Spine 与 Leaf 之间不会使用生成树协议，而是将其使用范围限制在 Leaf 外围（南向，通向网络用户）[⊜]。

每个 Leaf 拥有一个或多个 IP 子网，Leaf 本身可以作为这些子网的默认网关，这些子网可以在同一个或不同的 VRF 中。

在 Leaf 和 Spine 之间可以使用支持 ECMP 的三层路由协议，主要是 BGP，部分网络中也部署了开放式最短路径优先协议（Open Shortest Path First，OSPF）[10] 和中间系统到中间系统协议（Intermediate-System to Intermediate -System，IS-IS）[11]。

如果需要，可以使用 VXLAN 封装（见 2.3.4 节）在 CLOS 网络中提供二层连接[⊜]。

当使用 ECMP 来分配负载时，一定要避免数据包在传输过程中产生乱序，否则会严重影响到基于 TCP 的应用的性能[⊗]。使用流量散列技术可以消除数据包在 ECMP 环境中的

⊖　可以通过动态增加 Leaf 和 Spine 的数量，以及 Leaf 与 Spine 间的连接，方便地对 CLOS 规模进行扩展。——译者注

⊜　这种外围的使用也并不普遍，因为叶子的外围可能就是服务器或者 ToR，通常并不使用 STP 来解决环路问题，其使用可能会发生在 CLOS 网络与传统二层物理网络的对接场景。——译者注

⊜　VXLAN 实现的并不是物理网络的二层连接，而是叠加网络中的二层连接，另外 VXLAN 也可以实现三层连接。——译者注

⊗　数据包传输的乱序，会导致 TCP 的重传。——译者注

乱序问题，具体为通过对包含源 IP 地址、目的 IP 地址、协议类型、源端口和目的端口的五元组进行散列来选择路径，保证同一条流走同一个路径，在实现中，可以使用这五个字段的全部或子集⊖。

为了进一步扩大 CLOS 网络在用户和带宽方面的规模，可以（在两层 CLOS 网络的基础上）增加另一层 Spine，从而形成一个三层 CLOS 网络。在功能上，这些新的 Spine 与其他的 Spine 相当，但通常被称为超级骨干（Super Spine）。三层 CLOS 网络的 Leaf 连接的可以是虚拟机，也可以是 POD，但它们不在本书的研究范围之内。作者的朋友 Dinesh Dutt 的书 [12] 详细讨论了 CLOS 网络的所有相关话题。

从硬件的角度来看，Super Spine、Spine 和 Leaf 可以是同一种类型的网络设备，这样做可以得到相当大的简化，因为减少了所需的设备种类，可以简化网络管理和配置。

CLOS 网络的冗余度很高，如果需要的话，服务器可以连接到两个 Leaf 上。在 CLOS 网络中，一台交换机断连往往是不可能发生的事情⊜，为此，每个网络设备不需要高可用，也不要求必须支持在线软件升级能力。每个交换机都可以独立于其他交换机进行升级，并在需要时更换，不会对网络流量造成重大干扰。

2.3　叠加

多年来的事实证明，在网络行业中通过数据包的封装来提供网络抽象是非常有用的，例如 MPLS、GRE、IP in IP、L2TP 和 VXLAN。通过分层提供的抽象，可以在底层网络层之上叠加地建立另一个逻辑网络层，这实现了底层的网络层和逻辑网络层两者之间的解耦，提供了逻辑网络层的规模扩展能力，最重要的是还提供了新型的网络消费模式。

网络虚拟化技术要求在一个物理网络上支持多个虚拟网络，通常使用本节讨论的叠加网络来满足要求。

叠加网络（overlay network）是建立在底层网络（underlay network），也就是物理基础设施之上的虚拟网络。底层网络的主要职责是：在基础设施可连通的情况下，利用等价多路径（Equal Cost Multi-Path，ECMP）高效地在底层网络中转发叠加封装的数据包（例如 VXLAN），底层网络为叠加网络提供传输服务。在现代网络设计中，底层网络总是一个 IP 网络（IPv4 或 IPv6），因为我们感兴趣的是运行在需要 IP 路由的 CLOS 结构上的网络。

在叠加网络中，可以将应用（叠加层）使用的 IP 地址与基础设施（底层）使用的 IP

⊖ 基于五元组的散列，虽然可以尽量地避免乱序，但是由于网络中的流量并不是基于五元组均匀分布的，因此基于五元组的散列（尤其是 ECMP），可能会导致网络中各个连接与路径上负载的不均衡。——译者注

⊜ 原文如此，但表达的应该是某台交换机跟所有上层节点断连是不可能发生的事。——译者注

地址解耦。运行用户应用程序的虚拟机可能使用来自用户 IP 子网的几个地址（叠加网络），而托管这些虚拟机的服务器则使用属于云提供商基础设施的 IP 地址（底层网络）。

如图 2-3 所示，其中虚拟机使用属于 192.168.7.0/24 子网的地址，而服务器使用属于 10.0.0.0/8 子网的地址。

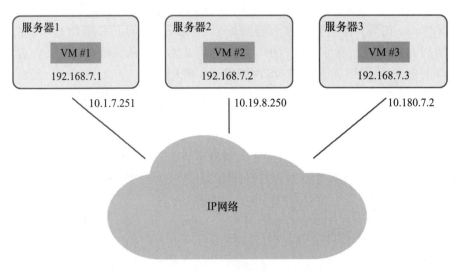

图 2-3　用户和基础设施 IP 地址

叠加网络是解决可扩展性问题的一种方法，并能够提供易于编排的网络消费模式，这对于大型云计算部署来说是至关重要的。在前面的例子中，在源地址和目标地址属于子网 192.168.7.0/24 的虚拟机之间交换的数据包被封装成子网 10.0.0.0/8 的服务器之间交换的数据包，这些数据包称为隧道化的数据包，封装也称为隧道化，隧道两端设备（增加或删除封装的点）称为隧道端点（tunnel endpoint）。

在所有的叠加网络方案中，有两个主要的考虑因素：

● 首要是数据平面的考虑：封装帧的结构，以及将数据包放入隧道（封装）和将数据包从隧道中移出（解封装）所需的操作。从性能的角度来看，数据平面的考虑是最重要的，转发决策控制着隧道操作，这意味着需要将其与 LPM 和流表集成在一起，因此，封装和解封装应该被纳入转发硬件中，以实现高性能。

● 次要考虑的是控制和管理平面：隧道的创建和维护、地址映射、故障诊断工具等。

在本节中，我们重点讨论数据平面，读者将会发现，所有的封装方案都有如图 2-4 所示的类似结构，其中的底层和叠加的概念很明显。

以图 2-3 为例，假设 VM #2 要向 VM #3 发送一个数据包。原始 IP 报文头包含源地址（Source Address，SA）=192.168.7.2，目标地址（Destination Address，DA）=192.168.7.3；外层 IP 报文头包含 SA=10.19.8.250，DA=10.180.7.2，"可选报文头"的内

容取决于封装方案。

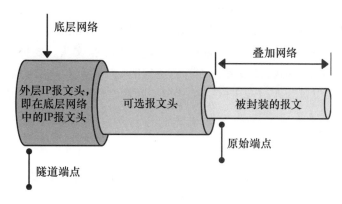

图 2-4　通用封装结构示意图

接下来将讨论三种封装方案：IP in IP、GRE 和 VXLAN。

2.3.1　IP in IP 封装

RFC 1853 是最早涉及 IPv4 in IPv4 的标准之一 [13]，于 1995 年 10 月发布，这在互联网时代已经是相当古老的历史了——在研究该标准的选择时，这是一个必须要考虑的事实。

在 1995 年的时候，线路的速度还相当慢，拓扑结构是稀疏的，通常缺乏并行链路，优化数据包中的每个字节的使用是最主要的问题。当时的路由器都是用软件或微码来实现的，所以在设计协议时，"硬件友好"并不是考虑因素。

IPv4 in IPv4 是第一个被定义的封装，它没有任何可选报文头。在外层 IP 报文头中，字段 Protocol 被设置为 4，表示接下来是另一个 IPv4 报文头。通常情况下，字段 Protocol 被设置为 6，表示 TCP 有效载荷；或者设置为 17，表示 UDP 有效载荷。针对字段 Protocol 被设置为 4 的情况，给这个方案起了一个名字"协议 4 封装"（如图 2-5 所示）。

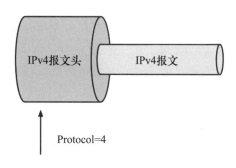

图 2-5　IPv4 in IPv4 封装示意图

同样的协议 4 封装也可用于 IPv6 内部的 IPv4。只需将 IPv6 报文头的下一个报头字段设置为 4，表示下一个报头是 IPv4 报文头。

另一种封装方式叫作协议 41 封装（Protocol 41 encapsulation），它与前一种封装方式非常相似，唯一的区别是这次的内部 IP 报文头是 IPv6 报文头。要将 IPv6 封装在 IPv4 中，将外层 IPv4 报文头的协议设置为 41；要将 IPv6 封装在 IPv6 中，将外层 IPv6 报文头的下一个报文头设置为 41（见 RFC 2473[14]）。除此之外，还有一些其他本书中没有涉及的 IPv6 in IPv4 技术。

2.3.2 GRE

1994 年，思科公司推出了通用路由封装（Generic Routing Encapsulation，GRE），并以 RFC 1701[15-16] 发布，其目标是将各种网络层协议封装在 IP 网络上的虚拟点对点链路中。在设计 GRE 时，由于在局域网中存在着其他的三层协议（例如 AppleTalk、Banyan Vines、IP、IPX、DECnet 等），这在当时是一个非常重要的功能，但现在这个功能已经不像原来那么重要了。因为现在留存下来的协议只有 IPv4 和 IPv6，但它还很重要，因为有了虚拟化，就需要在隧道内封装二层的流量，人们试图使用 NVGRE[17] 和 L2 GRE⊖等封装协议满足网络虚拟化的需求。

简而言之，GRE 在外层 IP 报文头和原始 IP 报文头之间增加了一个额外的报文头，如图 2-6 所示。

图 2-6　GRE 封装

2.3.3 当前的封装

（由于网络软硬件以及场景的发展，相比于 IP in IP 与 GRE）对于封装的要求已经发生了变化，最大限度地减少开销已经不再是主要的考虑。设计时，除了要对硬件友好，并支持使用多路径来实现高吞吐量的连接网络之外，还要考虑到对到达的数据包进行重排序，就像 2.2 节中讨论的那样。

路由器通过使用基于五元组的流量散列来实现 ECMP 和避免数据包重排序，但五元

⊖　L2GRE 是在 IP 网络中使用 GRE 隧道传送以太网报文，提供基于 IP 网络的二层互联服务。——译者注

组只对 TCP、UDP 和 SCTP 有很好的作用。其中，SCTP 并不是很普遍，因此，当前主要基于 TCP 或 UDP 两种方式进行封装。

TCP 不是一种好选择，因为 TCP 的终止方式比较复杂，在 TCP 隧道内携带 TCP 会话，由于内部 TCP 和外部 TCP 拥塞控制算法之间的交互作用，其性能非常差[18-19]。研究表明，使用 TCP 隧道会降低端到端的 TCP 吞吐量，在某些情况下，会产生所谓的 TCP 熔断[20]。

UDP 已经成为当前封装方案的事实标准，如 VXLAN（在下一节中介绍）和 RoCEv2（在第 6 章中介绍）就使用 UDP，在这些应用中，不使用 UDP 校验和⊖。

2.3.4　VXLAN

在进入细节之前，我们先从宏观上了解一下为什么选用 VXLAN。上节中提到，接入 – 汇聚网络允许二层域（即二层广播域）跨越多个交换机，VID（VLAN 标识符）是隔离不同用户和应用流量的标准方式，每个 VLAN 承载着一个或多个 IP 子网，这些子网跨越多个交换机。

CLOS 网络通过强制规定 Leaf 和 Spine 之间使用路由，并将二层域限制在叶子朝向主机的一侧（南向），从而改变了这一点。同样，主机连接的 IP 子网也是如此。为了解决在 CLOS 网络上传播二层域的问题，VXLAN 应运而生。总的说来，VXLAN 是在路由网络上传输 VLAN。

从本质上讲，VXLAN 通过允许服务器共享同一个二层广播域，实现服务器的无缝连接。VLAN 在历史上一直与生成树协议（它提供了跨越网络的单一路径）有关，但 VXLAN 可以利用底层网络的等价多路径（ECMP）提供更多的带宽。

VXLAN 的设计主要是为了满足大型云计算部署中的可扩展性需要。VXLAN 标准在 RFC 7348 中进行了定义[21]，该 RFC 的作者列表表明了 VXLAN 是由路由器、网卡和虚拟化公司之间共同定义的标准，这体现了 VXLAN 这个叠加网络技术的战略重要性。如图 2-7 所示为 VXLAN 的封装方式。

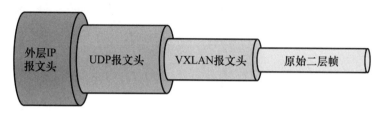

图 2-7　VXLAN 封装

⊖　VXLAN 标准中建议不使用 UDP 校验和，但也可以支持使用。——译者注

VXLAN 采用 UDP 封装，目的 UDP 端口设置为知名端口号 4789。

源 UDP 端口应当是随机设置的[⊖]，以便被路由器用来平衡多条并行链路之间的流量。

在第一个例子中，封装端点可以将源 UDP 端口设置为原始源 IP 地址的散列值（内部 IP 报文头中的源 IP 地址，一般是属于虚拟机的 IP）。这样一来，所有来源于某个虚拟机的数据包都将遵循一条路径进行转发，而来源于其他虚拟机的数据包可能会使用不同的路径，这种机制实现了面向虚拟机的负载均衡。

在第二个例子中，封装端点可以将 UDP 源端口设置为内部 IP 报文头五元组的散列。这样一来，可以防止数据包乱序，属于一个流的所有数据包都将遵循相同的路径，不同的流可能会使用不同的路径。

VXLAN 也被用作应用层之间封装三层单播通信的技术，这一点在较新修订的 VXLAN 规范中很明显，规范允许在 VXLAN 内部原生地进行 IP 封装[⊜]。

最后，VXLAN 封装在原始二层帧中增加了一个虚拟网络 ID（VNID），这个概念类似于 VLAN-ID，但其值的范围更广，因为 VNID 字段为 24 位，而 VLAN-ID 字段只有 12 位（如图 2-8 所示）。

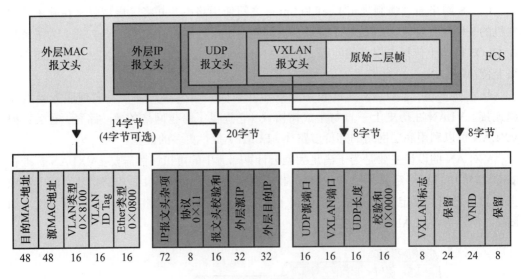

图 2-8　VXLAN 封装细节

VXLAN 封装在原来的二层以太网帧上增加了 50 个字节，因此在使用时需要考虑底层网络的最大传输单元（Maximum Transmission Unit，MTU），关于 MTU 的内容参见 2.3.5 节。

⊖　RFC7348 中推荐使用随机值或内层报文的散列值。——译者注
⊜　指 Generic Protocol Extension for VXLAN。——译者注

VNID 可以用来将来自多个用户的数据包放到同一个 VXLAN 隧道中[⊖]，并在隧道出口点方便地将它们分开。图 2-9 显示了 Leaf 交换机中的 VXLAN 隧道端点（VXLAN Tunnel Endpoint，VTEP），以及叠加在底层 CLOS 网络上的 VXLAN 隧道。

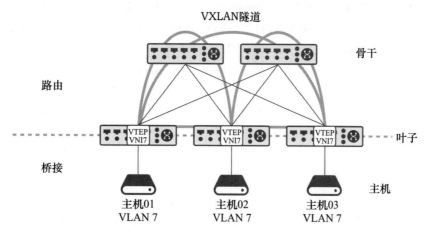

图 2-9　VXLAN 隧道端点

通过在 VLAN VID 和 VXLAN VNID 之间创建一个映射来配置 VTEP（图 2-9 中 VID 和 VNID 使用了相同的数字，但这不是必需的）。VTEP 需要创建转发表条目来指导流量转发，主要通过三种方式来实现：

- **洪泛和学习**：这是 2.1.1 节中讨论过的经典的二层方法。
- **分布式协议通告地址可达性**：这是 EVPN（以太网 VPN）中采取的方法，其使用 BGP 来通告地址可达性。
- **SDN（软件定义网络）方式**：控制器可以配置 VTEP，例如，可以通过 OVSDB 配置（见 4.3.1 节）[⊜]。

2.3.5　MTU

最大传输单元（Maximum Transmission Unit，MTU）是一个术语，表示在给定链路上可以传输的最大数据包大小。MTU 取决于两个因素：

- 数据链路层的数据字段大小。在最初的以太网帧的情况下，这个大小是 1500 字节，但现在普遍支持的巨帧（jumbo 帧）将其扩展到 9216 字节。
- 隧道的存在。因为每在数据包中添加一个新的隧道封装，有效载荷就会因额外报文头的大小而减少。

⊖　此处，同一个隧道指的是具有相同的隧道外层封装源地址和目的地址。——译者注
⊜　OVSDB 是一种方式，更常见的是 OpenFlow。——译者注

在设计之初，IPv4 协议就具有对数据包进行分片（fragment）的能力，但现代的 IPv4 路由器通常不会对 IP 数据包进行分片——如果超过链路 MTU，数据包就会被丢弃，这增加了排除故障的难度。在 IPv6 中，不支持分片[⊜]。

路径的 MTU 发现（Path MTU Discovery，PMTUD）是一种确定 IP 主机之间路径上的 MTU 的标准化技术，在 RFC 1191[22]、RFC 1981[23] 和 RFC 4821[24] 中进行了标准化，可以帮助避免叠加网络中的分片问题。PMTUD 需要 ICMP 来发现网络上从终端主机到终端主机的实际可用 MTU，不幸的是，一些网管员禁用了 ICMP，一些实现受到了 BUG 的影响，因此 PMTUD 不太受欢迎。很多网管员喜欢手动配置 MTU 到一个较低的值，这样在有隧道的情况下就不会出现问题，通常情况下，他们会预留 100 字节，以应对封装导致的数据包长度增长。

2.4　安全隧道

前文描述的隧道和封装技术解决了各种问题，包括地址问题、二层域单播、组播和广播、多协议支持等，但并没有涉及数据的隐私问题。事实上，数据经过封装后，仍然是明文，可以被窃听者读取。这种缺乏安全性的情况在数据中心内部可能是可接受的，但当数据传输发生在公共网络上，尤其是在互联网上时，这种情况是不能容忍的。

保护隧道安全的传统方法是引入加密技术，5.11 节将介绍安全隧道所使用的加密算法。

2.5　终止封装的位置

主机、交换机和设备都会终止不同类型的隧道。

主机上运行的软件可以终止封装，这在不需要高性能的虚拟化环境中很常见。服务器中的网卡可以提供一定程度的硬件支持来终止隧道，网络设备也常用来终止各种封装。最初，设备是带物理接口的独立盒子，但最近也有以"虚拟设备"形式出售的设备，如作为虚拟机在虚拟化环境中运行。机架顶部（ToR）交换机也可以终止各种封装，例如它们支持 VLAN 到 VXLAN 的映射，允许二层流量在三层 CLOS 网络上传播，这在 2.3.4 节中已经解释过。

在硬件上终止简单的封装相对容易，但不是所有的硬件解决方案都能识别全部的封装方案，这是因为在终止封装后需要进行其他操作，如桥接或路由，并可能添加另一个封装，当认证和加密存在时，也有使用领域专用硬件实现高性能的需求。如果隧道方案

⊜　RFC 8200 中规定 IPv6 分片只能由源节点完成，网络中的交换机或者路由器节点不能对数据包进行分片。——译者注

需要终止 TCP，就像 TLS 的情况那样，那么对领域专用硬件的需求就变得更加明显。

2.6　分段路由

源路由是一种已经有几十年历史的技术，在这种技术中，数据包的发送方决定了数据包到目的地的路径。分段路由（Segment Routing，SR）[25] 是源路由的一种形式，其中源节点将转发路径定义为"段"（Segment）的有序列表。分段路由有两种：

- SR-MPLS，它是基于多协议标签交换（Multiprotocol Label Switching，MPLS）的。
- SRv6，它是基于 IPv6 的。

SR-MPLS 使用的底层技术是 MPLS，这是一种基于"标签"（而不是基于网络地址）的路由技术，将数据从一个节点引导到下一个节点。另外，SRv6 使用 IPv6 作为数据平面进行封装与路由。

分段路由将网络划分为"段"，每个节点和链路可以被分配一个段标识符（Segment ID，SID），由每个节点使用 IS-IS、OSPF 和 BGP 等标准路由协议的扩展来发布，无须运行 MPLS LDP 等额外的标签分发协议⊖。

SR-MPLS 并没有对 MPLS 数据平面进行任何改变，在 SR-MPLS 中，有序的段列表被编码为标签堆栈，第一个要处理的段位于堆栈的顶部，在完成一个段处理后，该段所对应的标签将从堆栈中删除。

例如，在没有 SR 的情况下，图 2-10 中源和目的地之间的路由是由两个 ECMP 路径组成的，即 A-D-F-G 和 A-D-E-G（假设所有链路的 cost 相同）。在 SR 存在的情况下，可以将数据包跨其他链路转发，例如，如果源指定了一个堆栈 E/C/A，其中 A 是堆栈的顶层，那么数据包被转发到 A，A 弹出它的标签，得到了一个包含 E/C 的堆栈，然后 A 将数据包发送给 C，C 再弹出它的标签，并将数据包转发到 E，最后由 E 转发到目的地。

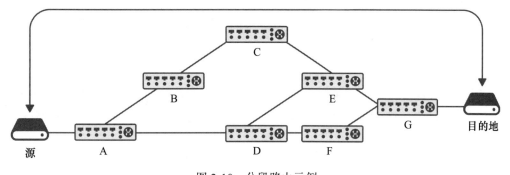

图 2-10　分段路由示例

⊖　也可以通过 SDN 的方式集中式发布。——译者注

使用 SR，可以通过包含 IP 路由提供的 ECMP 路径以外的链路实施流量工程，以实现网络资源的最佳利用。

分段路由具有以下优点：

- 支持网络切片：一种虚拟网络架构，能够表达转发策略以满足特定应用 SLA（例如，时延、带宽）的能力。
- 支持流量工程。
- 为不同的服务提供定义独立路径的能力。
- 更好地利用已安装的基础设施。
- 支持无状态服务链[⊖]。
- 支持端到端策略。
- 更好地与 IP 和 SDN 兼容。

2.7 使用离散型设备进行服务

本节将介绍两个服务器之间通过防火墙和负载均衡器进行通信的例子，这种操作通常称为服务链（servise chaining）[⊖]。

图 2-11 显示了需要通过负载均衡器（虚拟服务器 Z）与服务器 E 进行通信的服务器 C。为了安全起见，服务器 C 和虚拟服务器 Z 之间的通信也需要通过防火墙，这可以通过二层或三层的方式来实现。

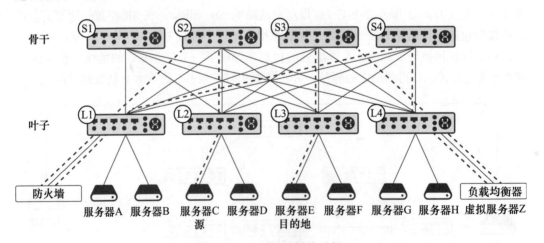

图 2-11　二层流量转接示例

⊖ SRv6 可以支持有状态服务链。——译者注

⊖ 服务链是指网络流量按照业务逻辑所要求的既定顺序，经过这些业务点（主要指安全设备如防火墙、LB 等），该例子是服务链的一个典型应用场景。——译者注

2.7.1　使用 VXLAN 的汇聚转接

第一个例子是基于二层的方法,其中防火墙部署在透明模式下,并作为服务器 C 子网的默认出口路由器。请注意,主机和它的默认出口路由器需要在同一个子网中,如果不进行某种封装是不可能连通的,因为在 CLOS 网络中,每个 Leaf 在自己的子网中都有本机 IP 地址。网络管理器将每个子网映射到一个 VLAN,并启用通向防火墙的 VLAN中继,这样防火墙就可以作为不同子网中主机的默认网关。在我们的例子中,从服务器 C 到 Leaf 交换机 L2,网络管理器使用 VLAN-ID=7 的 VLAN,L2 将 VLAN 7 映射到一个 VNID = 7 的 VXLAN 网段(为了简单起见,VLAN-ID 与 VNID 使用相同的值,实际上不一定要相同)。封装后的帧经过 S2 到 L1,L1 去掉 VXLAN 的封装,并将 VXLAN 7 上的数据包传递给防火墙,防火墙接收到该数据包后应用相应的策略,如果该数据包符合策略,防火墙就会将其转发到虚拟服务器 Z。同样,负载均衡器也使用这样的过程:Leaf 交换机 L1 将数据包封装在 VXLAN 中,转发到 Spine 交换机 S4,S4 将数据包转发到 Leaf 交换机 L4,L4 进行解封装,并将数据包交给负载均衡器,负载均衡器决定将数据包发送给服务器 E,在这里再次进行同样的封装和解封装过程。

这个过程有两个主要的缺陷:

- 服务器 C 要想与服务器 E 通信,数据包必须穿越网络三次而不是一次。我们花了 30 年的时间在三层优化数据包路由,但现在因为需要支持离散型设备,我们将它置之不顾。

- 防火墙作为二层域之间的跨 VLAN 路由器,大量的流量通过防火墙进行漏斗式汇集,这种技术被形象地描述为流量转接 [26-27],这样做的过程也造成了一个瓶颈。考虑到现在网络架构的复杂性,基于设备的安全转接方法不是一个好的选择。

解决这两个问题的方法是尽可能地将(类似于防火墙与负载均衡等)服务功能分布在服务器附近。第 9 章将介绍一种分布式服务网络架构,在网卡、机架设备或 ToR 交换机中提供服务,以可扩展的方式解决这两个问题。

2.7.2　使用 VRF 的汇聚转接

第二个例子是基于三层的方法,其中防火墙以路由模式部署,使用 2.1.4 节中描述的VRF 配置。

我们从图 2-12 中更直接的例子开始,仅在南北安全策略执行案例中使用防火墙。

我们定义了两个 VRF:与互联网(外部)流量相关的红色 VRF 和与数据中心内部流量相关的蓝色 VRF。网络中的所有交换机都参与到蓝色 VRF 中,而 Leaf 交换机 L2 也是红色 VRF 的一部分。L2 可根据物理端口来区分蓝色 VRF 和红色 VRF。实际部署中可能是更复杂的关联方案,但在本例中不需要。防火墙在蓝色 VRF(内部网络)和红色 VRF(外部网络)上都有接口,它是这两个 VRF 之间唯一的接触点,因此,所有进入或来自互联网的流量都必须通过防火墙转发。

面向互联网的边缘路由器注入默认路由，防火墙在红色链路上接收到边缘路由器经过默认路由转发的流量，然后经过防火墙内部处理后，定向转发到蓝色链路。防火墙没有 VRF 的概念，它只是维护两个 BGP 会话：一个在红色链路上，另一个在蓝色链路上[⊖]。

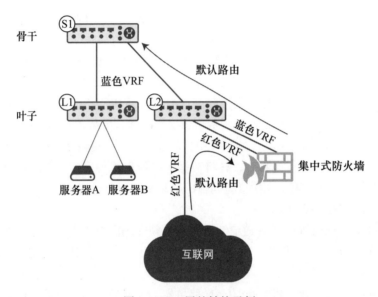

图 2-12   三层的转接示例

在面向互联网的红色 VRF 中只有 L2 运行 BGP，BGP 建立了两个会话：一个是与互联网侧路由器建立的会话，另一个是与防火墙通过红色链路建立的会话。所有其他路由器都在蓝色 VRF 中运行 BGP，例如 L2 在蓝色 VRF 中运行 BGP，与蓝色链路上的防火墙以及 Spine 交换机 S1 分别建立对话。

默认路由使所有来自蓝色 VRF 的外部流量都要经过防火墙，防火墙应用其安全策略，将该流量通过红色 VRF 转发到互联网上。在相反的方向，来自互联网的流量从红色 VRF 到达防火墙，防火墙应用其安全策略，并将该流量通过蓝色 VRF 转发到内部目的地。

同样的原理也可以用在东西向安全策略执行的案例中，在这种情况下，我们需要定义更多的 VRF。假设有 4 组服务器，我们希望在东西方向的服务器上分开——在 CLOS 网络的所有交换机上定义 4 个 VRF，再加上 L2 上的一个外部 VRF，防火墙将定义 5 个三层接口，每个 VRF 一个，这些接口不需要是物理接口，它们可以是同一个物理接口上

⊖ 防火墙也可以有 VRF 的概念，这取决于防火墙的内部实现。——译者注

不同 VLAN 的子接口。

与前一种情况相比，我们没有使用任何 VXLAN 封装，防火墙也不是服务器的默认网关，防火墙注入的是默认路由，而服务器的默认网关仍然是相关的 Leaf 交换机（图 2-12 中服务器 A 的 Leaf L1 为默认网关）。

2.7.3 混合型转接

前面的两种方法可以结合成一种混合方法，VXLAN 可以按照 2.7.1 节中的描述使用，但防火墙不需要作为默认网关，如 2.7.2 节所述，防火墙注入默认路由。

2.8 基于缓存的转发

本节中讨论的技术并没有在路由器中使用，但在主机上有一定的实现，通常可以与网卡配合使用。

云提供商有大量的租户，即使每个租户的路由表和访问控制列表（Access Control List，ACL）的表项数量要求适中，但当乘以租户的数量时，路由和 ACL 的表项总数量就会出现爆炸式的增长，主机上使用传统的表查找方法将很难适应这种场景。

一些云提供商决定在服务器网卡硬件上实现基于缓存的转发方案，而不是维护整个转发数据库[⊖]。

流缓存是一种二态数据结构，能够精确匹配属于特定流量的数据包。精确意味着二态匹配更容易在硬件或软件中实现，而不是像 LPM 这样的三态匹配。

一个流缓存对应一个已知的数据包流，该流可以定义任意数量的字段，从而支持 IPv6 地址、不同的封装、策略路由和防火墙。如果一个数据包与流缓存中的所有表项都不匹配，则可以由一个单独的进程创建新的缓存条目（这被称为"缓存未命中"）。

图 2-13 显示了该解决方案的架构，任何未命中流缓存的数据包都会被重定向到一个软件进程，该进程对数据包应用一个完整的决策过程，并相应地转发或丢弃该数据包。这个软件进程会在流缓存中添加一个条目（如虚线所示），这样，后续的数据包可以像同一流中的前一个数据包一样被转发或丢弃。

假设一个流平均由 500 个数据包组成，其中一个数据包会重定向到软件处理，剩下的 499 个数据包直接在硬件中处理，与纯软件方案相比，加速系数为 500。当然，这种方案要保证在软件中处理的数据包和在硬件中处理的数据包不会被重新排序。

⊖ 进行缓存主要是为了提高查表效率，缓存可以基于软件或者基于网卡进行硬件实现，硬件实现的性能更高，但其缓存的数目较少。——译者注

在这种情况下，PPS（每秒钟处理的数据包个数）是无法预测的，因为它取决于流量的类型。如 HTTP/HTTPS 协议中的持久性连接（占大部分流量）往往会使流量变长，在这种情况下，上述的流缓存方案会更有优势。

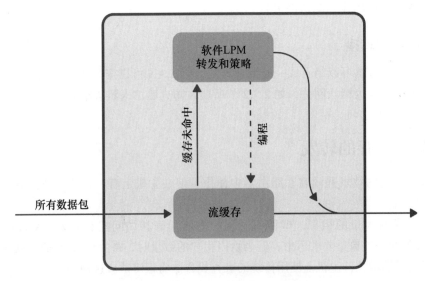

图 2-13　硬件中基于流缓存的转发

另一个考虑因素是，多个协议在每个流中只交换几个数据包，这些通常都是辅助协议，如域名服务器（Domain Name Server，DNS）、时间服务器（Time Server）等，对于这些协议来说，创建一个缓存条目是没有意义的，因为它只会消耗缓存资源，而不会产生性能的大幅提升。

由于以下这些因素的影响，缓存的位宽可能很大：

● 除了目标路由之外，还要做源路由：用两个地址代替一个地址。

● 在 IPv4 之外使用 IPv6：用 128 位地址代替 32 位地址。

● 使用叠加技术（见 2.3 节），例如 IP in IP 或 VXLAN：更多的报文头需要解析。

● 在四层报文头上进行策略路由：需要解析协议的类型以及源端口和目的端口。

● 实现防火墙和负载均衡器。

在极端的情况下，缓存位宽可能为 1700 位，使硬件变得极其复杂，也就是说，硅片的面积更多，成本更高，功耗更大。

这种解决方案的一个吸引人的特性是可以轻松地将多个服务合并到一个缓存条目中，例如可以通过一个缓存条目来代替封装、路由数据包、应用防火墙规则和收集统计信息等多个条目。

当然，与所有的缓存解决方案一样，这种方案也存在缓存维护的问题，例如旧缓存条目的老化。更大的问题发生在路由变更时，由于没有简单的方法知道哪些缓存条目会受到影响，传统的方法是将整个缓存失效，在清除缓存后，就会立刻出现性能下降，即使是瞬时的，也会有明显的性能下降。为此，在频繁变更路由的骨干路由器中不采用基于缓存的转发。对于外围的网络服务点，可以认为路由变更是一个罕见的事件，因此缓存无效是可以接受的。在第 3 章中将介绍一些使用这种技术的软件交换机的实现，在某些情况下，第一个数据包在服务器 CPU 上处理，而在其他情况下，则在网卡中的内核上处理，提供不同等级的缓存卸载。

2.9　通用转发表

通用转发表（Generic Forwarding Table，GFT）是微软 Azure 中使用的一种技术 [28-29]，GFT 遵循上一节描述的模型。Azure 有一个基于 Hyper-V 的虚拟机产品，即微软自己的管理程序（见 3.2.2 节），Hyper-V 包括一个软件交换机，用于在虚拟机和网络之间转发数据包。为了实现 GFT，微软构建了虚拟过滤平台（Virtual Filtering Platform，VFP），在 Hyper-V 软件交换机之上运行，VFP 具有统一流的概念，匹配一个唯一的源和目的二层 / 三层 / 四层组，可能跨多层封装，同时具有添加、删除或修改报文头的能力。

定制的 Azure SmartNIC 包括一个 FPGA，通过在硬件中实现流缓存来加速转发 [30]。

VFP 的缓存机制将任何未命中缓存的数据包重定向到 VFP，然后 VFP 再将该数据包在软件中转发，并对缓存进行编程。

目前，VFP 是在主服务器 CPU 上运行，但从技术上讲，VFP 也可以在 SmartNIC 中的 CPU 上运行，这样就可以释放服务器的 CPU。

2.10　总结

在本章中，我们讨论了设计分布式网络服务架构的基础设计理念，讨论了二层转发与三层转发，以及三层转发的两种不同实现，CLOS 网络的影响以及网络核心中的路由要求，为此需要引入叠加网络，并提出了保护叠加网络的方法，还分析了设备如何产生汇聚转接问题，以及分布式服务架构如何解决这个问题。最后，讨论了一种提高网络利用率和可预测性的方法——分段路由。

在下一章中，我们将以类比的方式讨论虚拟化对分布式网络服务架构的影响。

2.11　参考文献

[1]　Cisco Global Cloud Index: Forecast and Methodology, 2016–2021, https:// www.cisco.com/ c/en/us/solutions/collateral/service-provider/global-cloud-index-gci/white-paper-c11-738085.pdf

[2]　https://1.ieee802.org

[3]　RFC Editor, "Internet Official Protocol Standards," RFC5000, May 2008.

[4]　W. Eatherton, Z. Dittia, and G. Varghese. Tree Bitmap: Hardware/Software IP Lookups with Incremental Updates. ACM SIGCOMM Computer Communications Review, 34(2):97–122, 2004. Online at http://cseweb.ucsd.edu/~varghese/PAPERS/ccr2004.pdf

[5]　Park, Hyuntae, et al. "An efficient IP address lookup algorithm based on a small balanced tree using entry reduction." Computer Networks 56 (2012): 231–243.

[6]　Waldvogel, M., Varghese, G., Turner, J.S., & Plattner, B. (1997). Scalable High Speed IP Routing Lookups. SIGCOMM.

[7]　Pagiamtis, K.; Sheikholeslami, A. (2006). "Content-Addressable Memory (CAM) Circuits and Architectures: A Tutorial and Survey." IEEE Journal of Solid-State Circuits. 41 (3): 712–727. Online at https://www.pagiamtzis.com/pubs/pagiamtzis-jssc2006.pdf

[8]　Lougheed, K. and Y. Rekhter, "Border Gateway Protocol 3 (BGP-3)", RFC 1267, DOI 10.17487/RFC1267.

[9]　Clos, Charles. "A study of non-blocking switching networks". Bell System Technical Journal. 32 (2): 406–424. doi:10.1002/j.1538-7305.1953. tb01433.x. ISSN 0005-8580. Mar 1953, Retrieved 22 March 2011.

[10]　Moy, J., "OSPF Version 2", STD 54, RFC 2328, DOI 10.17487/RFC2328, April 1998.

[11]　Zinin, A., "Cooperative Agreement Between the ISOC/IETF and ISO/IEC Joint Technical Committee 1/Sub Committee 6 (JTC1/SC6) on IS-IS Routing Protocol Development", RFC 3563, DOI 10.17487/RFC3563.

[12]　Dutt, Dinesh. "Cloud-Native Data Center Networking Architecture: Protocols, and Tools." O'Reilly, 2019.

[13]　Simpson, W., "IP in IP Tunneling," RFC 1853, DOI 10.17487/RFC1853, October 1995.

[14]　Conta, A. and S. Deering, "Generic Packet Tunneling in IPv6 Specification," RFC 2473, DOI 10.17487/RFC2473, December 1998.

[15]　Hanks, S., Li, T., Farinacci, D., and P. Traina, "Generic Routing Encapsulation (GRE)," RFC 1701, DOI 10.17487/RFC1701, October 1994.

[16]　Farinacci, D., Li, T., Hanks, S., Meyer, D., and P. Traina, "Generic Routing Encapsulation

(GRE)," RFC 2784, DOI 10.17487/RFC2784, March 2000.

[17] Garg, P., Ed., and Y. Wang, Ed., "NVGRE: Network Virtualization Using Generic Routing Encapsulation," RFC 7637, DOI 10.17487/RFC7637, September 2015.

[18] O. Titz, "Why TCP over TCP is a bad idea." http://sites.inka.de/sites/bi-gred/devel/tcp-tcp.html

[19] Honda, Osamu & Ohsaki, Hiroyuki & Imase, Makoto & Ishizuka, Mika & Murayama, Junichi. (2005). Understanding TCP over TCP: effects of TCP tunneling on end-to-end throughput and latency. Proc SPIE. 104.10.1117/12.630496.

[20] OpenVPN, "What is TCP Meltdown?," https://openvpn.net/faq/what-is-tcp-meltdown

[21] Mahalingam, M., Dutt, D., Duda, K., Agarwal, P., Kreeger, L., Sridhar, T., Bursell, M., and C. Wright, "Virtual eXtensible Local Area Network (VXLAN): A Framework for Overlaying Virtualized Layer 2 Networks over Layer 3 Networks," RFC 7348, DOI 10.17487/RFC7348, August 2014.

[22] Mogul, J. and S. Deering, "Path MTU discovery," RFC 1191, DOI 10.17487/RFC1191, November 1990.

[23] Lottor, M., "Internet Growth (1981–1991)," RFC 1296, DOI 10.17487/RFC1296, January 1992.

[24] Mathis, M. and J. Heffner, "Packetization Layer Path MTU Discovery," RFC 4821, DOI 10.17487/RFC4821, March 2007.

[25] Filsfils, C., Ed., Previdi, S., Ed., Ginsberg, L., Decraene, B., Litkowski, S., and R. Shakir, "Segment Routing Architecture," RFC 8402, DOI 10.17487/RFC8402, July 2018.

[26] Ivan Pepelnjak, "Traffic Trombone (what it is and how you get them)," ip-space.net, February 2011. https://blog.ipspace.net/2011/02/traffic-trombone-what-it-is-and-how-you.html

[27] Greg Ferro, "VMware 'vFabric' and the Potential Impact on Data Centre Network Design—The Network Trombone" etherealmind.com, August 2010, https://etherealmind.com/vm-ware-vfabric-data-centre-network-design

[28] Greenberg, Albert. SDN for the Cloud, acm sigcomm, 2015.

[29] Firestone, Daniel et al. "Azure Accelerated Networking: SmartNICs in the Public Cloud." NSDI (2018), pages 51–66.

[30] Daniel Firestone. "VFP: A virtual switch platform for host SDN in the public cloud." In 14th USENIX Symposium on Networked Systems Design and Implementation (NSDI 17), pages 315–328, Boston, MA, 2017. USENIX Association.

Chapter 3   第 3 章

虚拟化

上一章讨论了网络设计对分布式网络服务架构的影响，但虚拟机（Virtual Machine，VM）和容器等虚拟化技术的影响更为重大。虚拟机和容器是云基础架构和现代数据中心的重要组成部分，然而虚拟机和容器并不是同义词，作用范围也不一样：

- 虚拟机提供物理机的虚拟化和封装抽象，使用指定的 CPU、内存、磁盘和网络，按需实例化物理机。
- 容器则提供服务器内的应用打包和应用运行时⊖。

一般来说，虚拟化技术可以实现更高的工作负载密度。使用微服务可以将庞大的整体功能划分成较小的单元，以便高效复制和按需移动。这些工作负载也是动态的，也就是说，是经常创建和销毁的，这就提出了网络服务自动化的需求，也就导致了 IP 可寻址实体数量的激增。分布式网络架构需要为这些实体提供细化的网络服务，如防火墙和负载均衡等。在这一点上，读者可能会推断，解决虚拟化负载的解决方案就能解决所有问题。不幸的是，这与事实相差甚远。在企业数据中心内，大量的服务器都是裸机，没有任何虚拟化软件。即使是公有云，尽管最初的负载是 100% 虚拟化的，但现在也开始转向提供裸机服务器，这些裸机服务器对于特定的应用很重要，如数据库。另外，裸机服务器也允许用户提供 Hypervisor 虚拟层，如 VMware。几乎所有的云提供商都同时提供虚拟机和裸机服务器。因此，任何分布式网络服务架构都必须很好地支持所有裸机服务器、虚拟机和容器环境。

⊖ 容器也可以使用指定的 CPU、内存、磁盘和网络，只不过与虚拟机技术不同，同时增加了打包应用级的逻辑资源。——译者注

接下来将介绍这些环境。本章讨论分为虚拟化和云、虚拟机和管理程序、容器以及微服务架构等章节。

读完本章后，读者应该可以看出，大多数网络使用各种技术的组合，有些应用在裸机上运行，有些在虚拟机上运行，有些按照微服务架构重写后更适合在容器中运行。本章还将简要介绍一个管理和配置系统（OpenStack）的例子，以及一个在电信场景（NFV）虚拟化应用上的实例。

3.1 虚拟化和云

过去，有些计算机为了提高利用率，会同时运行多个应用程序。但是不同的应用程序需要不同的函数库、操作系统和内核。从安全、管理和性能的角度来看，在同一台计算机上运行不同的应用程序几乎没有任何隔离，所以是不切实际的。于是，许多计算机开始专用于单一应用，这也导致了 CPU 和内存的利用率非常低。为了解决这些问题和其他问题，服务器虚拟化技术应运而生。

服务器虚拟化实现了以下几个需求：

- 多个操作系统可以同时存在于同一台物理机上，并且相互隔离。
- 一个物理服务器可以运行各种逻辑服务器（通常称为虚拟机或 VM）。一种做法是在每个 CPU 核上运行一个虚拟机。
- 通过提高服务器的利用率来减少物理服务器的数量，这样可以降低服务器 CAPEX 和 OPEX 的相关成本，例如空间和电力。
- 服务器虚拟化可以让用户在不同的虚拟机上运行同一个应用程序的多个副本，应用程序不需要以多线程和并行的方式重写就可以利用多个内核的优势。
- 虚拟化可以让测试等临时环境与生产环境并行运行，这是相当大的简化。
- 机器配置、快照、备份、还原和移动变得更加简单明了。
- 可通过虚拟化平台软件提供集中管理和配置。
- 由于每个虚拟机都是一个包含操作系统和内核的完整服务器，因此与共享环境相比，虚拟化提供了更好的应用隔离性和安全性。
- 通过向所有虚拟机呈现"标准化硬件"来获得硬件的独立性。

当然，虚拟化也有缺点，比如 RAM 使用率高、应用性能不可预测，但这些缺点并不是很重要，现在很多企业依赖服务器虚拟化进行日常运营已经成为事实。

虚拟化提供了更好的资源共享，例如，所有的虚拟机可以共享一个 100 Gbps 的网卡。然而，只要有共享，就有可能被滥用。在多租户云中，所谓的"嘈杂的邻居"（noisy neighbor）会消耗大部分资源（例如 PCI 带宽），从而影响服务器上的其他租户。即使"噪音"可能只是暂时性的，但这也是一个问题。

VMware 是第一家在商业上成功实现 x86 架构虚拟化的公司 [1]，现在它在数据中心应用很广泛。基于内核的虚拟机（Kernel-based Virtual Machine，KVM）是为数不多的开源 Hypervisor 虚拟层之一（Hypervisor 见 3.2 节）。在云计算领域，很多产品都基于 KVM。

公有云技术现在已经非常成熟，亚马逊公司旗下的亚马逊 Web 服务（Amazon Web Service，AWS）、微软创建的云计算服务 Azure、甲骨文云基础设施、IBM 云、谷歌云、阿里云、OVH 等提供商都是公有云的参与者。

私有云是组织企业数据中心的新方式，在私有云里，虚拟服务器可以使用虚拟机形式方便、快速地配置。云计算提供了更多的敏捷性，并可以节省成本。一般用"云原生数据中心基础设施"这句话来形容这样的实现。

混合云是目前的前沿领域，如图 3-1 所示。

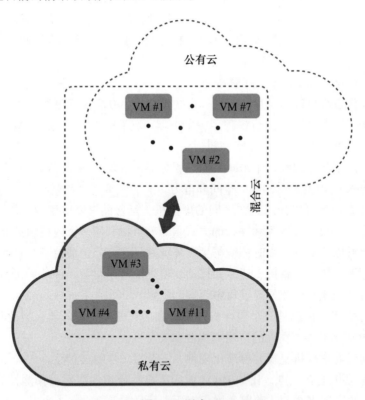

图 3-1　混合云

混合云是将私有云和公有云结合在一起，实现负载均衡、容错、计算峰值吸收、数据分区等功能。在一个完美的混合云架构中，虚拟机可以位于私有云部分或公有云部分，不需要重写代码、改变地址或策略就可以从一个地方移动到另一个地方，也不用担心安全问题。在高级情况下，这种移动可以在虚拟机运行时进行。

混合云仍然有非常大的挑战，而目前的解决方案只解决了部分问题。

云也使多租户化成为事实。云提供商必须确保用户之间的隔离，因为不同用户的应用程序可以在同一个物理服务器上运行，并共享存储资源和网络服务。不同的用户可能使用相同的私有 IP 地址，这种情况下如果处理不当可能会在网络上产生冲突。最后，云提供商必须注意保护用户应用的访问安全，既要注意防火墙和加密，又要提供其他增值服务，如负载均衡等。

除了在公有云中实现多租户，大型企业内部也可以实现多租户，比如，为了法律合规性，将不同的活动相互隔离，并加以保护。

多租户要求虚拟基础设施按需实例化每个租户，包括其所需的网络、存储、计算、安全等服务。

这些新的需求要求新虚拟基础设施尽可能地贴近工作负载，而分布式服务平台是满足这些需求的最佳解决方案。

3.2　虚拟机和 Hypervisor 虚拟层

目前，有两种主要的虚拟化解决方案：
● 虚拟机和 Hypervisor 虚拟层（在本节中介绍）。
● 容器（在 3.3 节中介绍）。

这可能看起来像是同一个解决方案的两个简单变体，但当我们深入理解后，就会发现它们有本质上的区别。

虚拟机背后的想法是把物理服务器变成以虚拟机方式运行的虚拟服务器，包括操作系统、内核、用户空间、库和应用程序等。无论物理服务器做什么，也无论服务器内部的应用程序怎么做或应用程序是怎么组织的，都可以使用一样的虚拟服务器。随着打包、可移植性和相关工具的发展，虚拟化应用变得更加容易。有很多种工具可以在不重写应用的前提下，将应用从物理服务器迁移到虚拟机中。

容器背后的想法与虚拟机是不一样的。容器可以用来重新包装一个应用，也可以将其转换为微服务架构。应用被重新打包时，不需要任何重写就能把它的运行环境封装在容器中。例如，一个需要 Python 2.6 的应用程序与另一个需要 Python 4.5 的应用程序封装在不同的容器中一起运行。容器还提供了将应用程序转换为微服务架构的可能性，但这意味着要按照 3.4 节中描述的新微服务架构来重构应用程序，通常需要进行大量的重写。简单来说，应用程序被划分成多个独立的模块，这些模块之间使用标准化的 API 进行通信，然后把每个模块实例化为容器。

如果一个应用程序作为微服务构建，就可以通过实例化多个副本来横向扩展，每个副本都是一个无状态服务[⊖]。

如果一个模块是性能瓶颈，那么可以把这个模块实例化为多个容器。

尽管使用虚拟机作为容器在一定程度上是可能的，反之亦然，但只有当每一种技术都用于适合的目的时，才能发挥解决方案的全部潜力。

接下来，我们将深入探讨两个概念：

- Hypervisor 虚拟层，创建虚拟机的运行环境。
- 虚拟机，提供物理服务器的虚拟化，包含操作系统（内核和用户空间）、库和应用程序。

图 3-2 显示了两种类型的 Hypervisor 虚拟层：裸机型和主机托管型。

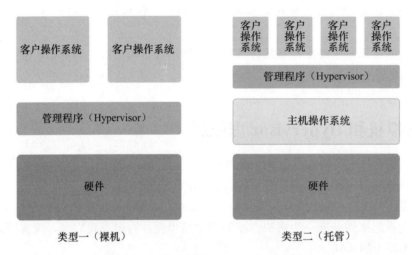

图 3-2　不同类型的 Hypervisor 虚拟层

裸机 Hypervisor 虚拟层 [2] 是一种直接在硬件上运行的原生操作系统，可以直接访问硬件资源来提供可扩展性、鲁棒性和性能。这种方法的缺点是，Hypervisor 虚拟层必须有支持其运行的硬件需要的所有驱动程序。

相比之下，托管 Hypervisor 虚拟层是对现有操作系统的扩展，其优点是可以支持广泛的硬件配置。

另一种对 Hypervisor 虚拟层进行分类的方法是根据其提供的虚拟化类型：完全虚拟化或半虚拟化。

完全虚拟化提供对底层物理服务器的完全抽象，对于不同的底层物理服务器只需要修改虚拟机，不需要修改客户操作系统或应用程序。完全虚拟化有利于将物理服务器迁移到虚拟机，因为它提供软件与硬件的完全解耦，但在某些情况下可能会带来性能上的损失。

⊖　通常情况下是无状态服务，但有些场景也需要使用有状态服务实现。——译者注

半虚拟化要求对虚拟机中运行的客户操作系统进行修改，使其"意识到"自己是在虚拟化的硬件上运行的。性能可能会有所改善，但并不像完全虚拟化那样通用。

Hypervisor 虚拟层包含一个或多个虚拟交换机，也称为 vSwitch，是负责在虚拟机之间交换数据包并通过网络接口卡（Network Interface Card，NIC）发送到外部的软件实体（如图 3-3 所示）。

虚拟交换机通常作为二层网桥，为虚拟机提供虚拟以太网接口连接到一个或多个网卡。在多个网卡存在的外部连接中，网卡可以配置为两种主要的网卡组队模式：主 – 备模式和主 – 主模式。主 – 备模式不言而喻。Hypervisor 虚拟层上的主 – 主模式有以下几种类型：

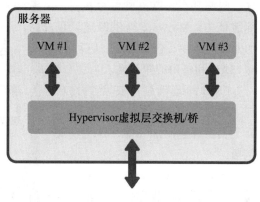

图 3-3　虚拟交换机

- **基于 vEth 的转发**：抵达虚拟以太网（vEth）端口的流量总是转发到给定的上行链路，除非发生故障。
- **基于散列的转发**：可以是基于 MAC 地址、IP 地址或流量的转发。

主 – 主模式可以实现静态绑定或基于动态 LACP 的绑定。

在分布式服务平台的背景下，虚拟交换机是必不可少的，因为虚拟交换机是一个可以实现分布式网络服务架构的地方。虚拟交换机的功能也可以卸载到硬件中来提高性能。4.3 节描述了各种虚拟交换机的实现方法和标准。

尽管 Hypervisor 虚拟层真正实现了虚拟机，但商业公司一般通过提供管理和服务实现盈利。通常情况下，服务是以虚拟设备的形式提供的，也就是作为实现特定功能的虚拟机，如防火墙、VPN 和负载均衡器等。这些虚拟设备非常灵活，但往往缺乏使用领域专用硬件的物理设备所具备的确定性能和时延。

接下来将介绍两个商用和两个开源的虚拟化系统。

3.2.1　VMware ESXi

VMware 公司成立于 1998 年，是最早在商业上提供 x86 架构虚拟化的公司之一 [3]。VMware ESXi 是 VMware 公司的 Hypervisor 虚拟层，它是一个支持全面虚拟化的裸机 Hypervisor 虚拟层。如图 3-4 所示为有 2 个虚拟机的 ESXi 服务器，ESXi 为每个虚拟机分别呈现一个完整的硬件抽象。

每个虚拟机都有自己的操作系统，包括内核。虚拟机上的应用可以与在真实硬件上运行一样实现。

由于没有主机操作系统，ESXi
需要所有服务器硬件的驱动程序，
这会限制其在不常见硬件存在时的
部署能力。VMware 提供经过认证
的兼容性指导，包含系统、I/O、存
储 /SAN 和备份的兼容性。

ESXi 的基础版本在免费许可
证下授权，而 VMware 在付费许可
证下提供许多附加功能，这些功能
包括：

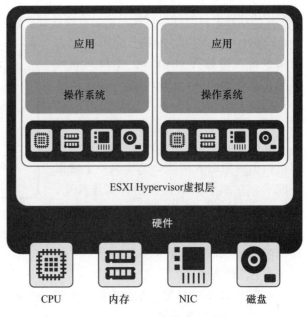

图 3-4　VMware ESXi

- **VMware vCenter**：集中式
  管理应用程序，用于集中管
  理虚拟机和 ESXi 主机，还
  提供实现业务连续性所需的
  功能，如 vMotion，vMotion
  能够将虚拟机从一台 ESXi
  主机实时迁移到另一台
  ESXi 主机。
- **VMware vSAN**：存储聚合层，用于在 vSAN 集群中创建所有主机之间的共享存
  储池。
- **VMware NSX**：分布式网络虚拟化，包括交换、路由、防火墙等网络和安全服务。

VMware 是一家软件公司，到目前为止，VMware 所有的解决方案都是用软件实现的。
由于英特尔处理器的速度不断提高，这样做效果很好。然而，如第 7 章所述，这一趋势
正在放缓。时间会告诉我们，VMware 是否需要将部分功能转移到领域专用硬件上。

近来，VMware 开始提供对云原生的支持。例如，AWS 上的 VMware 云是由 AWS
和 VMware 联合开发的集成云产品，用户可以在 AWS 上配置运行 VMware 软件的服务
器。该产品具有支持混合云的能力，可以将虚拟机从私有云迁移到公有云，也可以将虚
拟机从公有云迁移到私有云。此外，还有工具可以将应用迁移到云上或从云上迁移走。
其他云供应商未来可能也会提供类似的产品。

3.2.2　Hyper-V

微软 Hyper-V[4] 是一个裸机 Hypervisor 虚拟层，支持在 x86 64 位系统上创建虚拟机⊖。

　⊖　仅支持 64 位系统。——译者注

Hyper-V 最早是与 Windows Server 2008 一起发布的，从 Windows Server 2012 和 Windows 8 开始 Hyper-V 不再额外收费。微软还发布了一个名为 Hyper-V Server 2008 的独立版本，用户可以免费下载，但在操作上仅提供命令行界面。如图 3-5 所示为 Hyper-V 架构。

　　Hyper-V 以分区的形式实现虚拟机的隔离，每个虚拟机都在一个独立的子分区中运行。根分区或主分区包含 Windows 操作系统，并负责管理服务器，包括创建虚拟机的子分区。

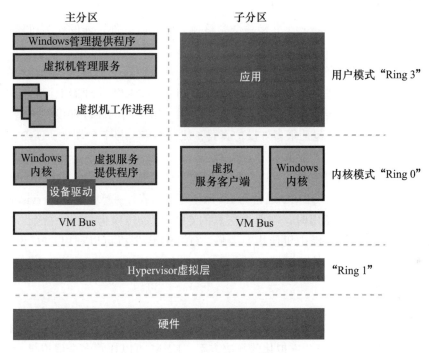

图 3-5　Hyper-V 架构

虚拟化软件在主分区中运行，能直接访问硬件设备。主分区有以下几个作用：

- 控制物理处理器，比如管理内存和中断。
- 管理子分区的内存。
- 管理连接到 Hypervisor 虚拟层的设备，如键盘、鼠标和打印机等。
- 将设备虚拟化并提供给子分区虚拟机。

　　子分区访问虚拟设备时，虚拟设备通过 VMBus 将请求转发到主分区中的设备处理。响应由主分区通过 VMBus 传回子分区（VMBus 是实现分区间通信的通道，作用相当于逻辑总线）。Hyper-V 还提供 "Enlightened I/O" 机制，可以让 VMBus 直接与硬件进行高速 I/O 操作。

　　Hyper-V 具有创建虚拟交换机的能力（图中没有显示），可以为虚拟机提供虚拟网络适配器，并将物理网络适配器组合起来作为通向网络交换机的上行链路。

Hyper-V 还为 Linux 用户提供虚拟化支持，微软已经向 Linux 内核提交了 Hyper-V 驱动程序。用户可以安装 Linux 集成组件，将系统扩展为支持 Hyper-V 的 Linux。

Hyper-V 也是微软 Azure 提供的基础 Hypervisor 虚拟层。在 2.9 节中，我们已经讨论了 Hyper-V 虚拟交换机与 Azure 智能网卡之间的关系。

3.2.3　QEMU

QEMU（Quick EMUlator）[5-6] 是一个完整独立的开源软件，能够作为机器仿真或虚拟机运行。

QEMU 作为机器仿真运行时，可以将为特定处理器编写的二进制代码转换为能在另一个处理器上运行的二进制代码（例如，QEMU 可以在 ARM 处理器上运行 x86 代码）。QEMU 通过动态二进制转换来模拟处理器，并提供一组不同的硬件和设备模型来运行各种用户操作系统。QEMU 包括很多外设仿真器，比如网卡、显卡、硬盘、USB 口／串口／并口等。

QEMU 作为虚拟机使用时，可以在原生架构上运行代码。例如，在 x86 平台上运行 x86 代码。在这种配置下，QEMU 通常与 KVM（见下一节）一起实现 Hypervisor 虚拟层。

QEMU 作为仿真器使用时，需要把仿真的 CPU 指令转换为 HOST 指令，进行动态二进制代码翻译，比作为虚拟机使用时要慢。QEMU 虚拟机可以利用 CPU 虚拟化功能（如 Intel VT 或 AMD-V），从而以接近原生的速度运行虚拟机。

3.2.4　KVM

基于内核的虚拟机（Kernel-based Virtual Machine，KVM）[7-8] 是开源的主机托管型 Hypervisor 虚拟层，属于完全虚拟化的解决方案。KVM 可以托管多个虚拟机，运行原始的 Linux 或 Windows 镜像（无须修改）。如图 3-6 所示为 KVM 架构。

KVM 架构中的 Linux 主机操作系统在裸机硬件上启动。KVM 的内核组件已包含在主线 Linux 2.6.20 及之后的版本中。KVM 使用 Intel-VT 或 AMD-V 虚拟化扩展，由可加载的内核模块 kvm.ko 和特定处理器模块 kvm-intel.ko 或 kvm-amd.ko 组成，kvm.ko 提供核心虚拟化功能，kvm-intel.ko 或 kvm-amd.ko 负责将 Linux 内核转换为 Hypervisor 虚拟层。KVM 支持 PPC、S/390、ARM 和 MIPS 处理器。

KVM 按照传统的 Linux 风格只做了一件事并且做得很好。它把进程调度、内存管理等工作都交给 Linux 内核来做。Linux 社区对这些功能做的任何改进，都会立即让 Hypervisor 虚拟层也受益。

KVM 并不提供虚拟化硬件，一般利用 QEMU 提供硬件虚拟化。KVM 与 QEMU 一起构成一个完整的虚拟化技术。KVM 的用户空间组件在 QEMU 中运行（见上一节）。在主机上创建的每个虚拟机都有自己的 QEMU 实例。客户机作为一个 QEMU 进程运行。

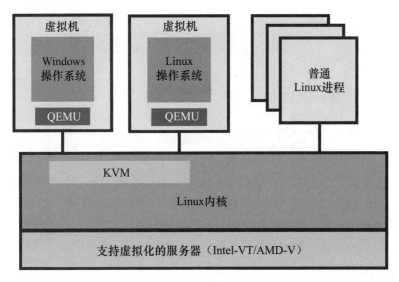

图 3-6　KVM 架构

KVM 通过 ioctl 将 API 暴露给用户空间，QEMU 是这个 API 的用户之一。
QEMU 也与 Virtio 集成在一起，如图 3-7 所示。

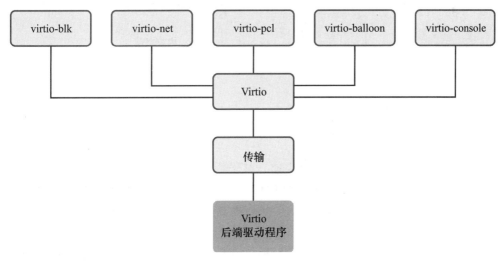

图 3-7　Virtio

Virtio[9-10] 是一组半虚拟化的驱动程序，其中，用户的设备驱动清楚地知道自己是在
虚拟环境中运行。Virtio 与 Hypervisor 虚拟层合作来获得高性能，例如，在网络和磁盘操

作方面合作。Virtio 与 QEMU 和 KVM 紧密结合，如图 3-8 所示。

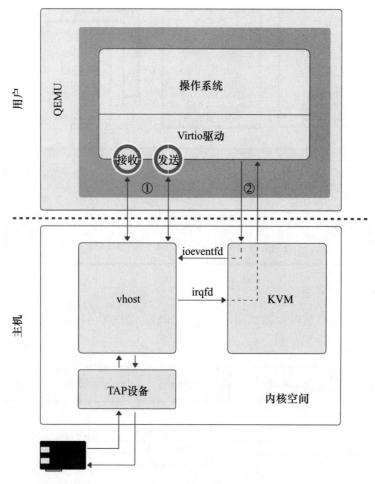

图 3-8　KVM、QEMU 和 Virtio

Linux 内核中的 vhost 驱动实现快速、基于内核的 Virtio 设备仿真。通常情况下，QEMU 用户空间进程仿真来自用户的 I/O 访问。vhost 将 Virtio 仿真代码放到内核中，这样可以减少缓冲区复制操作的次数，从而提高性能。8.5 节将详细介绍 Virtio-net 在 KVM/QEMU 之外的适用性。

QEMU 和 KVM 都支持经典的虚拟交换机模型和 SR-IOV（8.4 节中描述的标准），可以将虚拟交换机移到网卡中以实现高网络性能。图 3-9 展示了这两种情况。图 3-8 和图 3-9 中展示的 TAP 设备是一个工作在二层的虚拟以太网接口，与特定的客户机 / 虚拟机连接。

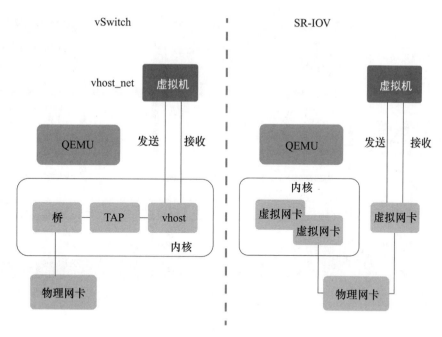

图 3-9　使用 SR-IOV 的虚拟交换机

　　从管理的角度来看，libvirt[11] 提供了一个与 Hypervisor 虚拟层无关的 API 来管理虚拟机，以及存储和网络配置。

　　AWS 和谷歌等公有云公司在生产中使用 KVM。

3.2.5　XEN

　　XEN 是剑桥大学计算机实验室开发的裸机 Hypervisor 虚拟层 [12-13]。在开源社区中，XEN 项目开发并维护 XEN。目前，XEN 可用于 Intel 32 位和 64 位处理器以及 ARM 处理器。如图 3-10 所示为 XEN 架构。

　　XEN Hypervisor 虚拟层负责虚拟机的内存管理和 CPU 调度，在 XEN 中也称为"域"。XEN 将域 0（Dom0）保留给自己，域 0 是唯一可以直接访问硬件的虚拟机。域 0 用于管理 Hypervisor 虚拟层和其他域（其他虚拟机）。通常情况下，域 0 运行的是 Linux 或 BSD。XEN 支持用户域完全虚拟化和半虚拟化。

　　2005 年左右，几位剑桥大学的校友成立了 XenSource 公司，希望将 XEN 变成有竞争力的企业级产品。2007 年 10 月，Citrix 收购了 XenSource 公司。2013 年，Linux 基金会接管了 XEN 项目，并推出了一个新的社区网站 xenproject.org。目前，项目成员包括阿里云、AMD、ARM、AWS、BitDefender、Citrix、华为、英特尔和甲骨文。

　　AWS 和 IBM Cloud 等公有云公司已经在生产中使用了 XEN。

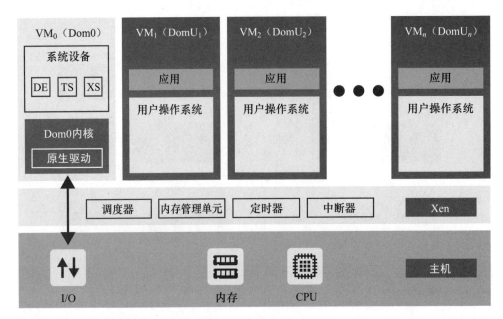

图 3-10　XEN 架构

Citrix Hypervisor 虚拟层[14]（原名 XenServer）是基于 XEN 的商用产品。

3.3　容器

　　基于容器的虚拟化，简称容器（container）[15]，是与下一节中描述的微服务架构非常匹配的一种虚拟化技术。容器可以避免仅仅为了运行一个应用而启动整个虚拟机。

　　在传统虚拟化技术中，一个虚拟机不仅包含应用程序，还包括操作系统和内核。在容器虚拟化中，所有运行在同一主机上的应用程序都共享内核，但这些应用程序可能会有自定义的镜像，包含操作系统及其发行包，例如库、文件和环境变量。Linux 操作系统提供 LXC（LinuX Container），这是 Linux 内核的一组功能，通过使用资源隔离、内核命名空间和内核组来实现进程之间的相互隔离。

　　容器使用的最重要的内核技术是：

- **命名空间（namespace）:** 进程 pid 命名空间、网络命名空间、mount、ipc、user 等。
- **Chroot :** 可以为每一个应用程序提供不同的根文件系统，而不用使用基本操作系统的根文件系统。
- **控制组（control group）:** 允许在不同进程之间隔离资源，例如 CPU、内存、磁盘和网络 I/O 等。

容器还依赖一个支持联合的文件系统，如 OverlayFS[⊖]。容器可以扩展或取代 LXC 来提供更多更强的功能。

图 3-11 展示了主机托管型 Hypervisor 虚拟层和容器虚拟化之间的区别。

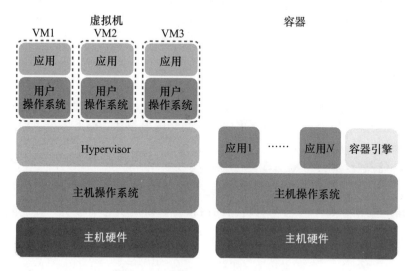

图 3-11　经典虚拟化和容器虚拟化

使用容器的工作可以分为两个部分：在同一个物理服务器上执行多个容器的运行时机制，以及简化大量容器的部署和监控容器运行情况的管理和监控工作，也称为编排（orchestration）。Docker 是第一个方面的著名解决方案，而 Kubernetes 解决的是第二个方面。

3.3.1　Docker 和其他容器

本节介绍的是容器运行时，也就是允许多个容器在同一个服务器上运行的软件系统。Docker 可能是其中最著名的方案。

Docker[16] 始于法国，是一家平台即服务公司 dotCloud 的内部项目。该软件在 2013 年首次以开源的形式发布。

Docker 用 runC（原名 libcontainer）取代 LXC，使用分层文件系统（AuFS），并包含网络管理。与 Hypervisor 虚拟层虚拟化相比，Docker 提供较少的隔离，但运行起来更轻，需要的资源也更少。传统的观点认为，物理服务器上运行的容器数量最多是虚拟

⊖　联合文件系统是一种轻量级的高性能分层文件系统，支持将文件系统中的修改进行提交和层层叠加，这个特性使得镜像可以通过分层实现和继承。这让容器的镜像管理变得十分轻量级和快速。——译者注

机的十倍。这种比较在一定程度上是不公平的，因为容器通常只运行一个微服务，并不是整个应用。Docker 并不是唯一可用的容器运行时解决方案，其他类似的解决方案还有 containerd（现在是云原生计算基金会的一部分）[17]、开放容器计划（Open Container Initiative，OCI）[18]、Rocket——CoreOS 推出的一款容器引擎[19]（一种可以高效运行容器的轻量级操作系统，最近被 Red Hat 收购），以及 Mesos[20]（一种类似于 Kubernetes 的容器编排器）⊖。

3.3.2 Kata 容器

前面的章节详细介绍了容器共享操作系统内核的方式，以及通过内核命名空间和组实现隔离。在某些应用中，两个或更多的容器共享内核被认为是有安全风险的，典型的例子就是金融应用。Kata 容器项目[21] 试图解决这个问题，并承诺"兼具容器一样的速度和虚拟机一样的安全性"。

图 3-12 对经典的容器方法和 Kata 容器进行了比较。

在 Kata 容器中，每个容器都有自己的内核，可以提供与虚拟机一样的隔离度。当然，这也是以更多的基础设施为代价的⊖。

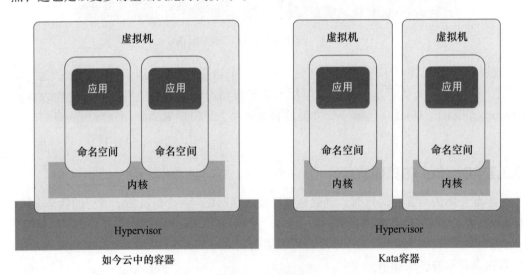

图 3-12　Kata 容器

提供虚拟机解决方案的公司已经做了大量的工作来缓解其与容器相比的劣势。现在

⊖ Mesos 是 Apache 下的开源分布式资源管理框架，与 Kubernetes 同属调度框架。——译者注
⊖ Kata 容器使用轻量级虚拟机来构建安全的容器运行时环境，这些虚拟机的感觉和性能如同容器，但是使用硬件虚拟化技术作为第二层防御，提供更强大的工作负载隔离。——译者注

的产品从虚拟机到 Kata 容器，再到标准容器，每一种选择中都存在着取舍。

3.3.3 容器网络接口

容器比虚拟机灵活，比裸机服务器更是灵活得多。容器可以大量部署，并不断创建和销毁。容器的轻量级特性使得"弹性"成为可能，服务可以根据需求进行扩展。服务的扩展应该是自动的，容器的连接自然也应该通过 API 实现自动化。容器网络接口（Container Network Interface，CNI）满足了这个需求[22]。CNI 是容器运行时和网络实现之间的一个简单接口，是编排器将工作负载连接到网络的一种方式。它原本是作为 CoreOS 上 Rocket 的一部分开发的，作为一个基于插件的通用网络解决方案，适用于 Linux 上的应用容器。CNI 提供的可插拔性可以对不同的网络提供商进行用户可见的语义标准化，例如，无论编排器的用户是在公有云上作为服务运行，还是在企业内部网络中运行，都可以使用相同的接口。

目前，它由 4 个简单的 API 组成：

- ADD——容器网络添加；
- DEL——容器网络删除；
- CHECK——检查容器的网络状态；
- VERSION——驱动程序支持的 CNI 版本。

这些 API 都是阻塞式 API，例如容器编排器会等待底层网络提供者完成网络部署（包括分配一个 IP 地址），这样才能确保网络在应用程序开始使用之前准备好。CNI 具有这种语义才能在工作负载上来之前就完美地实例化安全和其他策略。Kubernetes 和其他编排系统选择了 CNI，它已经成为行业标准。

存储系统中也有类似的接口，称为容器存储接口（Container Storage Interface，CSI）[23]。

3.3.4 Kubernetes

Kubernetes（俗称 K8s）[24-25] 是引领容器未来的重要项目。Kubernetes 是一个用于自动化部署、扩展和管理容器化应用的容器编排软件。谷歌基于创建 Borg 的经验设计了 Kubernetes[26]，目前由云原生计算基金会（Cloud Native Computing Foundation，CNCF）维护。现在也有其他的容器编排系统，如 Mesos 等，但 Kubernetes 是最流行也最有前景的容器编排系统，它可以在集群中的多个主机之间管理容器化的应用。图 3-13 显示了 Kubernetes 集群的组件。

图 3-14 展示了如何使用 Kubernetes 部署微服务。

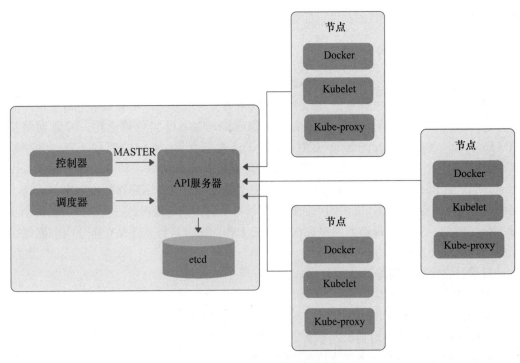

图 3-13　Kubernetes 集群组件

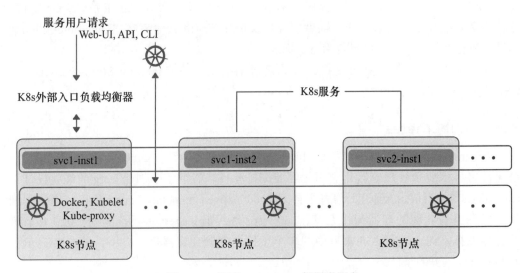

图 3-14　使用 Kubernetes 部署微服务

一个 Kubernetes 集群至少由三个节点组成，每个节点可以是一个虚拟机或裸机服务器。每个节点都包含运行 pod 需要的服务（见后文），并由 MASTER 节点（一个或多个）管理。节点上的服务包括容器运行时（通常是 Docker）、Kubelet（主节点代理）和 Kube-proxy（网络代理）。

MASTER 节点（一个或多个）包含集群控制平面。多节点高可用的 MASTER 节点在生产环境中很常见。API 服务器是 Kubernetes 控制平面的前端。MASTER 节点包括 API 服务器（Kubernetes 控制平面的前端）、etcd 数据库（一个用于所有集群数据的高可用键值存储库）、调度器，以及各种控制器。

Kubernetes 中的另一个关键概念是 pod。pod 是一个不可分割的原子部署单位。pod 封装了一个或多个共享资源和本地网络的容器。pod 是高可用的，如果停止运行就会重新调度。

pod 是 Kubernetes 中的基本复制单元。为了负载均衡和容错，生产环境中通常的做法是让每个 pod 都运行多个副本。当一个应用过载时，可以增加 pod 的实例数量。

Kubernetes 是一个有许多组件的庞大系统，关于 Kubernetes 的完整介绍不在本书的范围之内，可以参考 Kubernetes 的文档网站 [27]。

3.4　微服务架构

本节将介绍当应用程序从零开始编写或大幅重写时，怎样最好地应用虚拟化技术。最新的模式是将这些应用写成一组微服务 [28]，并将微服务作为"积木"来构建复杂的、可扩展的软件或较新的服务。

目前，微服务还没有正式的定义⊖，本书是这样假设的：微服务实现了一个概念化的业务功能小单元，可以通过定义良好的接口来访问。图 3-15 描述了微服务架构。

微服务架构普遍接受的属性是：

- 服务是细粒度的。
- 协议是轻量级的。
- 微服务中的应用分解提高了模块化。
- 应用程序更容易理解、开发和测试。
- 易于实现应用的持续交付和部署。
- 由于微服务通过一个简洁的 API 进行通信，因此可以使用不同的编程语言、数据库等进行编码。
- 随着负载的增加，可以通过创建多个实例和负载均衡来独立地扩展。

⊖　维基百科上定义为一种软件开发技术——面向服务的体系结构（SOA）架构样式的一种变体，将应用程序构造为一组松散耦合的服务。在微服务体系结构中，服务是细粒度的，协议是轻量级的。——译者注

- 通常以无状态、可重启服务的形式构建，每个服务由共享数据库支持。
- 以可扩展的模式创建一个小故障域。
- 微服务是快速的，易于启动和销毁的。

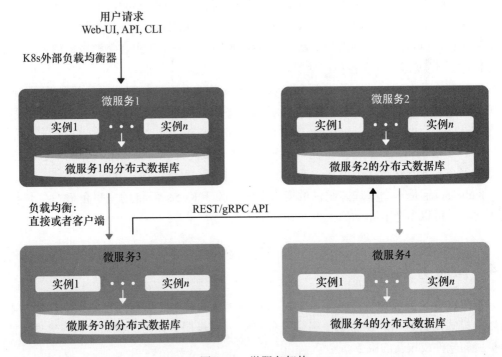

图 3-15　微服务架构

微服务使用的 API 是 REST API（见 3.4.1 节）或 gRPC（见 3.4.2 节）。有时，微服务同时支持这两种 API。REST API 和 gRPC 通常运行在 HTTP/HTTPS 协议之上。HTTPS使应用程序能够提供对给定微服务的认证访问。这些 API 一般都是向后兼容的，因此组件可以用较新的版本替换，而不会影响到其他部分。

微服务是作为无状态的实例来实现的，可以快速终止 / 启动，随着应用负载的增加 /减少而扩容 / 缩容。用户可以把负载均衡器放在前面，将任何传入的 URL/API 路由到各种后端实例。

微服务之间有独立和清晰的 API，开发、测试、重建和替换速度更快，因此受到开发者的欢迎。团队采用微服务技术可以更小、更专注，以便更高效地采用新的开发技术。

微服务是为云设计的，可以利用容器架构和现代工具在企业内部或云上运行，见 3.3 节。

微服务使用成熟的编排器（如 Kubernetes，见 3.3.4 节），以及内置的遥测、安全和可观察性。微服务也有缺点，最主要的缺点是对于现有的或棕地应用的效果不好，这些应用需要重写才能使用微服务技术。

故障排除也很有挑战性，因为需要跟踪服务间的依赖关系。有一些工具可以帮助解决这方面的问题，但会消耗资源并增加开销。

微服务还会带来额外的时延，因为进程内部的函数调用被 IP 网络上的 RPC 取代，就会带来额外的时延，同时也会增加开销。

像 protobuf/gRPC（见 3.4.2 节）这样的高度优化的标准化工具可以帮助弥补这种开销。另外，RPC 负载均衡器在到达服务之前会增加一个额外的跳数。客户端负载均衡（如 finagle、gRPC-lb）可以帮助缓解这种情况。

另一个重要的设计考虑因素是，用不恰当的抽象来划分微服务中的应用，可能比保持整体更糟糕。不适当的划分会导致 RPC 调用次数增加，容易暴露内部功能，服务内依赖关系的故障排除也会成为噩梦，尤其是在存在循环依赖关系的情况下。任何微服务架构设计都应该考虑到创建正确的业务抽象所花费的时间。

如果没有像 Kubernetes 这样适当的工具，微服务的部署和运营也很复杂（见 3.3.4 节）。

3.4.1　REST API

Roy Fielding 在 2000 年的论文 [29] 中首次提出了表述性状态传递（Representational State Transfer，REST）。REST 是一种软件架构风格，定义创建 RESTful Web 服务必须满足的一系列约束条件。REST 是一种客户端 - 服务器架构，将用户界面与应用逻辑和存储分开。每个 REST 请求都是无状态的，因为请求包含了处理所需的所有信息，不能引用服务器上存储的任何状态。会话状态完全保留在客户端上。每个响应还必须说明数据是否可以缓存，即客户端是否可以重用。请求是从客户端向服务器发送的，通常使用 HTTP 的方式，最常见的方法是 GET、PUT、POST 和 DELETE。通常情况下，响应的格式为 HTML、XML 或 JSON。

REST 的目的是通过使用无状态协议和标准操作来实现性能、可靠性和可重用性。REST 不是 HTTP 的同义词：REST 的原则更严格，可以在 HTTP 之外独立应用。

常见的方法是从对象模型开始，自动生成 REST API。Swagger[30] 既是创建 API 的工具，也是一种建模语言，现在已经发展成为 OpenAPI 规范（OpenAPI Specification，OAS）[31]。YANG[32]（Yet Another Next Generation）是可用于此目的的另一种数据建模语言。

3.4.2　gRPC

gRPC[33] 是一个开源的远程过程调用（Remote Procedure Call，RPC）框架，最初由 Google 开发。gRPC 通常与 protocol buffer [34] 一起使用。

protocol buffer 是 Google 的"语言无关、平台无关、可扩展的结构化数据序列化机制"。接口描述语言（Interface Description Language，IDL）描述数据的结构，并且提供生成封装和解析字节流源代码的程序。gRPC 可以使用 protocol buffer 作为其 IDL 和底层的消息交互格式。

gRPC 使用 HTTP/2 进行传输，并提供诸如认证、双向流、流控、阻塞或非阻塞绑定、取消和超时等功能。

REST API 和 gRPC 在功能上是相似的，可以从同一个 IDL 或建模语言中同时生成，但也有区别：

- REST API 对文本进行编码，更易于人类阅读，例如 curl 工具可以用来执行 REST API 并与系统进行交互。
- gRPC 使用二进制表示方式，更紧凑、性能更高，而且内置负载均衡功能。

一般来说，gRPC 适用于内部服务 – 服务通信，而 REST 则适用于外部通信[⊖]。

3.5 OpenStack

当一个公司想要构建云时，需要解决的一些重要问题是云基础设施的配置、管理和监控。有几家商业公司为此提供了相应的软件。OpenStack 是一个试图系统性解决这个问题的开源项目。

OpenStack[35] 是一个开源软件平台，用于配置、部署和管理虚拟机、容器和裸机服务器。它是一个专门为云基础设施的构建者和运营商提供的模块化架构。

OpenStack 基金会本着开源、设计、开发和社区的原则管理该项目。

OpenStack 是最重要的开源项目之一，但在生产环境中的实际应用却不多。

如图 3-16 所示为 OpenStack 架构。

在构成 OpenStack 的众多模块中，最重要的是：

- **Keystone（身份服务）**：是在 OpenStack 环境中对用户和角色进行身份验证和管理的服务。Keystone 通过发送和验证授权令牌对用户和服务进行身份验证。
- **Neutron（网络服务）**：是一种在 OpenStack 环境中的物理和虚拟网络服务，包括许多标准的网络概念，如 VLAN、VXLAN、IP 地址、IP 子网、端口、路由器、负载均衡器等。
- **Nova（计算服务）**：是一种针对物理和虚拟计算资源的服务，主要是实例（如虚拟机）和主机（如硬件资源，主要是服务器）。Nova 也可以用来对实例进行快照或迁移。
- **Glance（镜像服务）**：用于注册、发现和检索虚拟机镜像的服务。

⊖ REST API 强调面向资源的 CRUD 操作，需要对业务以资源为视角进行建模，标准化程度较高，适用于外部通信；gRPC 强调远程函数调用，可以灵活地定义函数与回调，灵活程度较高，适用于内部通信。——译者注

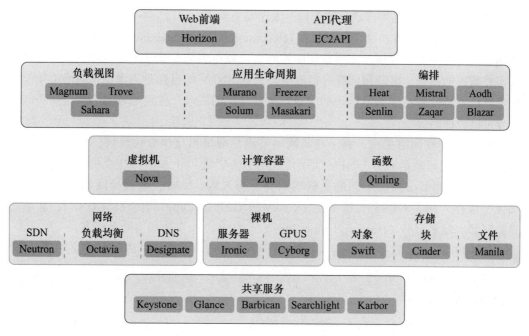

图 3-16　OpenStack 架构

- **Cinder（块存储服务）**：一种将存储卷连接到计算实例的服务。Cinder 支持不同的存储协议（如 iSCSI）用来访问存储卷。
- **Swift（对象存储服务）**：一种在商用硬件上实现对象存储的服务。Swift 具有高度的可扩展性和冗余性。
- **Ironic（裸机服务）**：一种用于服务器裸机配置的服务。

OpenStack Cloud Computing 一书 [36] 对 OpenStack 进行了很好的描述，并介绍了 Ansible[37] 在 OpenStack 配置和自动化方面的作用。从图 3-16 可以看出，除了前面列出的模块外，还有很多其他模块。

3.6　NFV

本节将介绍一个虚拟化的应用实例，称为网络功能虚拟化（Network Function Virtualization，NFV），主要应用于电信领域。

随着蜂窝技术的引入，电话网络的架构发生了巨大的变化。每一代的新技术（2G、3G、4G、LTE 和 5G）都增加了更多的功能，不再强调传统的电话通话，而倾向于互联网流量、应用和服务。最初，电信公司曾尝试使用防火墙、NAT、负载均衡器、会话边界控制器、消息路由器、CDN、WAN 优化器等离散设备来实现这些业务，但随着流量和业务的爆炸式增长，这种方法已经变得不太现实了。

根据欧洲电信标准协会（European Telecommunications Standards Institute，ETSI）[38] 的调查，新业务的创建往往需要重新配置网络，并在现场安装新的专用设备，而这又需要额外的占地面积、电源和训练有素的维护人员。NFV 的目标是用虚拟化的网络功能取代硬件设备，使网络能够敏捷地响应新业务和流量的需求。在极端情况下，这些功能大部分可以转移到云端。

NFV 是一种网络架构，将一整类网络节点功能虚拟化为软件模块，软件模块可以相互连接来创建通信服务。NFV 使用传统的服务器虚拟化和虚拟交换机（见之前的介绍），但也增加了虚拟化形态的负载均衡器、防火墙、NAT、入侵检测和防御、WAN 加速、缓存、网关 GPRS 支持节点（Gateway GPRS Support Node，GGSN）、会话边界控制器、域名服务（Domain Name Service，DNS）和其他四层服务设备。

图 3-17 是 NFV 的一个例子，不同的色调表示面向不同用户群的分布式服务。

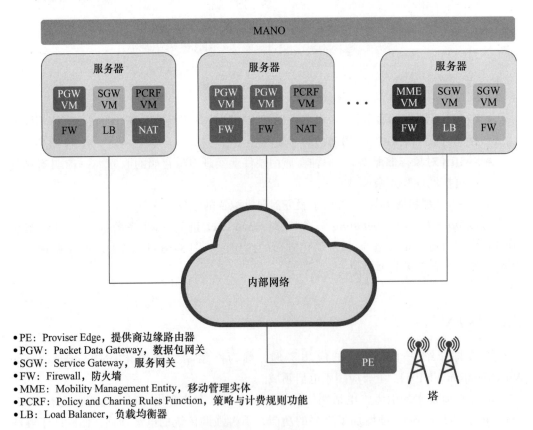

- PE：Proviser Edge，提供商边缘路由器
- PGW：Packet Data Gateway，数据包网关
- SGW：Service Gateway，服务网关
- FW：Firewall，防火墙
- MME：Mobility Management Entity，移动管理实体
- PCRF：Policy and Charing Rules Function，策略与计费规则功能
- LB：Load Balancer，负载均衡器

图 3-17　NFV 例子

新的标准（如最新一代蜂窝移动通信的 5G）通过支持更多的应用来满足更多不同需求的用户群体，例如物联网（Internet of Things，IoT）和自动驾驶汽车等。

ETSI 在其工作组之一的 ETSI ISG NFV[39] 中，一直非常积极地尝试将 NFV 标准化。Open Source Mano 也是 ETSI 主办的一个项目，旨在开发一个与 ETSI NFV 一致的开源 NFV 管理和编排（Management and Orchestration，MANO）软件栈 [40]。

3.7　总结

通过本章内容可以看出，任何分布式网络服务架构都应该支持裸机服务器、虚拟机和容器的混合架构，并与管理和编排框架集成。分布式服务节点的位置取决于多种因素，包括虚拟化与裸机工作负载、所需带宽以及所需服务种类。本书的其余部分将详细介绍这些主题。

下一章将重点介绍网络虚拟化服务。

3.8　参考文献

[1] Bugnion, E., Devine, S., Rosenblum, M., Sugerman, J., and Wang, E. Y. 2012. Bringing virtualization to the x86 architecture with the original VMware Workstation. ACM Trans. Comput. Syst. 30, 4, Article 12 (November 2012), 51 pages.

[2] Alam N., Survey on hypervisors. Indiana University, Bloomington, School of Informatics and Computing, 2009.

[3] VMware ESXi: The Purpose-Built Bare Metal Hypervisor, https://www.vmware.com/products/esxi-and-esx.html

[4] Anthony Velte and Toby Velte. 2009. *Microsoft Virtualization with Hyper-V* (1 ed.). McGraw-Hill, Inc., New York, NY, USA.

[5] Fabrice Bellard. 2005. QEMU, a fast and portable dynamic translator. In Proceedings of the annual conference on USENIX Annual Technical Conference (ATEC '05). USENIX Association, Berkeley, CA, USA, 41–41.

[6] QEMU, https://www.qemu.org

[7] Habib I., "Virtualization with KVM," Linux Journal, 2008:8.

[8] Linux KVM. https://www.linux-kvm.org

[9] Virtio, https://wiki.libvirt.org/page/Virtio

[10] Using VirtIO NIC - KVM, https://www.linux-kvm.org/page/Using_VirtIO_ NIC

[11] ibvirt. https://libvirt.org

[12] Paul Barham, Boris Dragovic, Keir Fraser, Steven Hand, Tim Harris, Alex Ho, Rolf Neugebauer, Ian Pratt, and Andrew Warfield. 2003. Xen and the art of virtualization. In Proceedings of the nineteenth ACM symposium on Operating systems principles (SOSP '03). ACM, New York, NY, USA, 164–177. DOI: https://doi.org/10.1145/945445.945462

[13] XEN, https://xenproject.org

[14] Citrix hypervisor, https://www.citrix.com/products/citrix-hypervisor

[15] What is a Linux Container, RedHat, https://www.redhat.com/en/topics/containers/whats-a-linux-container

[16] Docker, https://www.docker.com

[17] Cloud Native Computing Foundation, containerd, https://containerd.io

[18] The Linux Foundation Project, OCI: Open Container Initiative, https://www.opencontainers.org

[19] CoreOS, https://coreos.com

[20] Mesos, http://mesos.apache.org

[21] Kata Containers, https://katacontainers.io

[22] GitHub, "Container Network Interface Specification," https://github.com/containernet working/cni/blob/master/SPEC.md

[23] GitHub, Container Storage Interface (CSI) Specification, https://github. com/container-storage-interface/spec

[24] kubernetes or K8s, https://kubernetes.io

[25] Kelsey Hightower, Brendan Burns, and Joe Beda. 2017. *Kubernetes: Up and Running Dive into the Future of Infrastructure* (1st ed.). O'Reilly Media, Inc.

[26] Verma, A., Pedrosa, L., Korupolu, M., Oppenheimer, D., Tune, E., & Wilkes, J. (2015). Large-scale cluster management at Google with Borg. EuroSys. https://pdos.csail.mit.edu/6.824/papers/borg.pdf

[27] Kubernetes documentation, kubernetes.io/docs/home

[28] Sam Newman. 2015. *Building Microservices* (1st ed.). O'Reilly Media, Inc.

[29] Fielding, Roy Thomas, "Chapter 5: Representational State Transfer (REST)." Architectural Styles and the Design of Network-based Software Architectures (Ph.D.). University of California, Irvine, 2000.

[30] Swagger, https://swagger.io

[31] Open API. https://www.openapis.org

[32] Bjorklund, M., Ed., "YANG—A Data Modeling Language for the Network Configuration Protocol (NETCONF)," RFC 6020, DOI 10.17487/RFC6020, October 2010.

[33] gRPC, https://grpc.io

[34] Protocol Buffers, https://developers.google.com/protocol-buffers

[35] OpenStack Foundation. https://www.openstack.org

[36] Kevin Jackson. 2012. *OpenStack Cloud Computing Cookbook*. Packt Publishing.

[37] Ansible, https://www.ansible.com

[38] ETSI, http://www.etsi.org

[39] NFV, http://www.etsi.org/technologies-clusters/technologies/nfv

[40] Mano, http://www.etsi.org/technologies-clusters/technologies/nfv/open-source-mano

第 4 章

网络虚拟化服务

云基础设施的成功实施需要三种主要类型的服务：网络、安全和存储服务。无论是私有云还是公有云，这些服务都是实现多租户架构的基本服务。

本章将介绍网络服务，特别是网络虚拟化。第 5 章将介绍安全服务。

在分布式服务平台中，网络服务和安全服务可以放在不同的位置，因为这两个服务与服务器的 I/O 和内存架构没有严格的关系。第 6 章将介绍另外两个服务，即 RDMA 和存储，这两个服务最好托管在服务器中，因为它们与服务器的 I/O 和内存的关系比较紧密。

4.1　网络服务介绍

在云或数据中心网络中添加网络服务会带来几个挑战，其中主要包括：

- **服务的位置选取**：网络服务可以在服务器软件和服务器硬件中实现，也可以在服务器外部的网络设备中实现。
- **复杂性**：传统的插入式服务设备的操作复杂，需要复杂的自动化，并且存在单点或双点故障的限制。
- **缺少管理**：与现有管理工具和编排系统（如 VMware 和 Kubernetes）集成，可以为最终用户提供部署的便利和简化。
- **缺乏可视性**：在基础设施中部署遥测也是保障安全的重要部分。应用层面的可观测，对架构师以及应用开发人员规划容量、了解安全情况都有好处。

- **缺乏故障诊断工具**：现在的工具使用起来非常烦琐，涉及多个接触点，而且在需要的时候必须手动打开，过程很烦琐，因此，需要永远在线的遥测和故障排除。
- **性能有限**：在服务器 CPU 上运行的软件中实施网络、安全、遥测和其他服务，会从用户应用程序中窃取宝贵的周期。理想情况下，服务器应该将 100% 的 CPU 周期用于运行用户应用！如果有实现合适标准网络模型的领域专用硬件，就可以从服务器 CPU 上移除这些负载。

近期一些网络技术的趋势特别混乱，尤其是关于服务器网络的技术，本文将努力阐明其背后的历史原因及未来的发展方向。

本章的最后部分将介绍一些新的遥测和故障诊断趋势。如果没有最先进的故障诊断和遥测功能，即使是最好的服务实现也是不尽如人意的。

4.2　软件定义网络

20 世纪末，网络化的所有关键问题都得到了解决。我的书架上还保存着一本 1993 年出版的 *Interconnections：Bridges and Routers*，作者是 Radia Perlman[1]。书中 Perlman 介绍了桥接网络的生成树协议、距离矢量路由和链路状态路由：所有这些都是今天用来构建网络的基本工具。在随后的二十年里网络有了一些改进，但这些改进都是次要的、渐进的。最显著的变化是链路速度的大幅提高。即使是作为现代数据中心 Leaf-Spine 架构的基础 CLOS 网络，也已经有几十年的历史了（从 1952 年开始）⊖。

2008 年，Nick McKeown 教授等人发表了关于 OpenFlow 的里程碑式论文 [2]。大家都认为随着软件定义网络（Software-Defined Networking，SDN）的出现，网络将彻底改变。他们确实做到了，但那是一个短暂的变化。很多人尝试了 OpenFlow，但很少有人最终采用。五年后，大多数的网桥和路由器仍然像 Perlman 在书中所描述的那样工作⊖。

但是，第二次革命已经开始了：

- 具有开放式 API 的分布式控制平面。
- 可编程的数据平面。

第二种因为太简单并不成功，也不能很好地映射到硬件上，但是为 P4 的开发创造了条件，P4 解决了这些问题（见第 11 章）。

OpenFlow 对主机网络产生了更大的影响。SDN 概念在众多的解决方案中得到了应

⊖　1952 年提出的 CLOS 主要是面向电话交换网络，以及路由 / 交换设备内部交换的结构，真正在数据中心组网级别引入这个结构，大概是在 2004 年至 2010 年左右。——译者注

⊖　OpenFlow 在部分场景里面，还是得到了比较多的应用，尤其是公有云的网络虚拟化中，各个厂家借鉴了很多 OpenFlow 的思路，而且 Google 在 DC、WAN、Peering 等场景都得到了深入的使用。——译者注

用，在 SD-WAN 等特定的解决方案中也有一些影响。

本章的其余部分将详细讨论这些主题。

4.2.1 OpenFlow

OpenFlow 是一种交换和路由模式，最初由 Nick McKeown 教授等人提出[2]。OpenFlow 项目现在由开放网络基金会（Open Networking Foundation，ONF）[3]管理，该基金会是一个由非营利性运营商主导的联盟，负责维护和开发 OpenFlow 标准。

OpenFlow 的提出有两个主要的原因。第一个是网络管理者对路由器和交换机的封闭性和专有性深感不满。这个问题与标准可互操作的路由协议无关，而是管理体验的噩梦。每个厂商都有不同的命令行界面（Command Line Interface，CLI），有时同一厂商的不同型号的命令行界面也有差异。唯一的标准接口是简单网络管理协议（Simple Network Management Protocol，SNMP），但 SNMP 只用于收集信息，不能用来配置网络设备。设备缺少准确的 REST API，如果有的话也只是命令行接口的简单封装，返回的仍然是需要自定义文本解析的非结构化数据，而不是像 XML 或 JSON 这样的标准格式。网络管理者希望有一个标准化的接口来配置交换机和路由器。

第二个原因与科研界和学术界有关。他们也担心路由器和交换机的封闭性和专有性，但原因不同：他们不可能开发和测试新的路由协议和转发方案。最初的 OpenFlow 论文[2]的摘要中指出："我们认为，OpenFlow 是一个实用的折中方案：一方面，它允许研究人员以统一的方式在异构交换机上以线速和高端口密度运行实验；另一方面，厂商不需要公开交换机的内部工作原理。"

OpenFlow 获得了一些人的青睐，它挑战了最短路径优先（Shortest Path First，SPF）这种最常见的路由方式的传统智慧，因为有时候需要在数据中心之间提供自定义的转发和流量工程，可以基于自定义的业务逻辑，比如基于时间的路由⊖。

当时，网络界有很多人认为 OpenFlow 可以同时解决这两个问题，但我们先不急，先来了解一下什么是 OpenFlow。OpenFlow 是一种将网络控制平面（路由协议运行的地方）和数据平面（数据包转发的地方）分开的架构。控制平面运行在称为控制器的服务器上，而数据平面运行在路由器和交换机上，这些设备可以是硬件设备，也可以是软件实体（如图 4-1 所示）。

OpenFlow 规范[4]定义了两种类型的 OpenFlow 交换机：OpenFlow 专用交换机（OpenFlow-only）和 OpenFlow 使能交换机（OpenFlow-hybrid）。本章中的交换机一词指的是二层交换机和三层路由器的组合，这也是常用于 SDN/OpenFlow 的交换

⊖ OpenFlow 的提出简单来说是把控制面和转发面分离，提供转发面的可编程性，并标准化编程接口。——译者注

机。OpenFlow-only 交换机仅根据 OpenFlow 模型转发数据包。OpenFlow-hybrid 交换
机有一个分类机制，可以决定数据包是必须按照经典的二层和三层模型转发，还是按照
OpenFlow 转发。本节的其余部分将重点介绍 OpenFlow-only 交换机及其 4 个基本概念：
端口、流表、通道和 OpenFlow 协议。

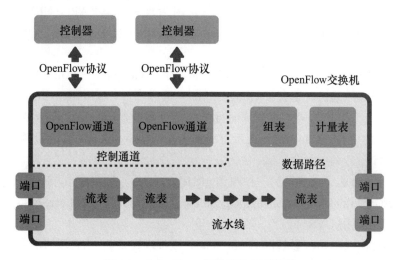

图 4-1　OpenFlow 交换机的主要组件

　　OpenFlow 端口是在网络中接收和发送流量的交换机端口。入端口接收 OpenFlow
数据包，交由 OpenFlow 流水线处理，OpenFlow 流水线可以将数据包转发到出端口。
OpenFlow 端口可以是物理端口，如交换机前面板端口；也可以是逻辑端口，像 Linux 的
netdev 端口，可以是虚拟以太网（vEth）端口。

　　保留端口也是可用的，例如用于将流量转发到控制器。

　　OpenFlow 流表是 OpenFlow 流水线的关键组成部分，是对交换机实际硬件的抽象[⊖]。
流水线和流表分为两个部分：入方向和出方向。入方向处理是必需的，而出方向处理是
可选的。一个流表由流表项组成，每个数据包都要与一个或多个流表项进行匹配。每个
流表项都有匹配字段，这些字段要与报文头进行比较。除了匹配字段外，流表项还主要
涉及优先级、一组计数器，以及一组在条目匹配后要采取的处理动作。关于完整的细节，
请参阅 OpenFlow 交换机规范 [4]。

　　OpenFlow 通道是 OpenFlow 控制器和 OpenFlow 交换机之间的控制通道。OpenFlow
控制器使用这个通道来配置和管理交换机，接收事件和数据包，以及发送数据包。

　　OpenFlow 协议就是在 OpenFlow 通道上的协议。

　　OpenFlow 与过去所说的"集中式路由"有惊人的相似之处 [5]。OpenFlow 也有集中

　　⊖　流表可被视作是 OpenFlow 对网络设备的数据转发功能的一种抽象。——译者注

式路由相同的缺点，主要是控制器的单点故障，而且不具备扩展能力$^{\ominus}$。集中式路由在 20 世纪 90 年代被距离矢量路由和链路状态路由等分布式路由取代。

虽然集中式路由方式在互联网层面上并不具备扩展性，但在有限的、可控的环境下还是有一定的优点。

近年来，OpenFlow 已经没了发展势头，因为现在 REST API、NETCONF/YANG、gRPC 等方法已经满足了网管对网络设备的配置和编程的要求，而路由问题仍然被距离矢量路由和链路状态路由很好地解决了$^{\ominus}$。

目前，已知的 OpenFlow 唯一的大规模部署是在 Google[6-7]。Amin Vahdat 教授在接受 NetworkWorld 的采访时解释了 Google 的部分策略 [8]。可以看出，Google 在广域网络上有大量的投资，链接的成本很高，而且希望能更高效地运行，尽可能接近 100% 的利用率。Google 使用 OpenFlow 进行流量工程和优先级排序，这种方法也被称为 SD-WAN，下一节将会讨论。

最近，Google 也开始推动另一种叫作 gRIBI 的方法，将在 4.2.3 节中介绍。

4.3.1 节中介绍的 OVS，也是使用 OpenFlow 作为数据路径，VMware NSX、OpenStack 等几家公司都在使用 OVS。

最后，Nick McKeown 教授和 Amin Vahdat 教授现在是 P4 语言联盟的董事会成员 [9]。P4 是一种专门为分组转发平面编程而设计的语言。P4 提供了灵活的报文头解析，再加上类似于 OpenFlow 的匹配 – 动作流水线，能够解决 OpenFlow 的一些缺点。我们将在第 11 章讨论 P4。

4.2.2　SD-WAN

软件定义广域网络（Software-Defined Wide-Area Network，SD-WAN）是将 SDN 和 VPN 技术结合起来实现 WAN 连接，跨地域连接企业网络、分支机构、数据中心和云端 [10]。它将许多现有的技术以一种新的创造性方式进行了包装。SD-WAN 的承诺有很多，包括能够管理多种类型的连接，从 MPLS 到宽带以及 LTE；简化基于云的管理；能够按需提供带宽；能够根据成本或时间使用不同的链路等。

SD-WAN 的另一个吸引人的地方是能够对所有站点的所有策略进行统一管理。在 SD-WAN 之前，策略管理是最大的挑战之一，不统一的策略管理造成了安全漏洞，必须采用人工核对。

$\ominus$　控制器自身可以通过集群、分布式、微服务等方式解决单点故障问题。——译者注

$\ominus$　在路由的问题上，OpenFlow 被取代并不是因为集中式控制，而是因为 OpenFlow 的模型需要做逐跳控制，导致在网络中引入了过多的状态，而 SR 通过源路由解决了有状态的问题，所以以运营商比较好接受。集中式并不是根本性的问题，未来一定是集中式 + 分布式相结合。——译者注

总的来说，与传统的基于路由器的广域网相比[⊖]，SD-WAN 的成本更低、更灵活、更容易管理。一个重要的优势是可以使用不同供应商的低成本互联网接入，而不是必须使用昂贵的 MPLS 电路。另一个吸引力来自用虚拟化设备取代分支路由器，这样就可以实现额外的功能，如应用优化、网络叠加、VPN、加密、防火墙等。

4.2.3　gRIBI

OpenFlow 部分介绍了一种可能的 SDN 实现方式，即通过使用 OpenFlow 或 P4Runtime 直接对转发条目进行编程（见 11.5 节）。这些方法完全控制了交换机，是极端的方法，而且放弃了标准协议提供的所有功能。通常这不是我们想要的。

另一种方法是使用 BGP 或 IS-IS 等协议来组建网络并实现标准功能，然后用独立的方式注入一些用于流量优化的路由。例如，这对于 SD-WAN 来说可能效果很好，默认情况下，数据包遵循最短路径，但 SDN 控制器可以启用其他路由。

gRPC 路由信息基础接口（gRPC Routing Information Base Interface，gRIBI）[11] 遵循了第二种模式，其嵌入交换机软件的方式如图 4-2 所示。

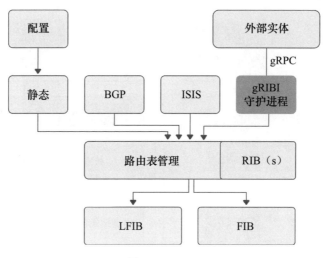

图 4-2　gRIBI

gRIBI 在交换机软件内部有一个守护进程实现路由协议，但不是通过路由协议报文交互来计算路由，而是通过 gRPC 接收来自编程实体的路由（见 3.4.2 节）。

在一个交换机上支持多个路由协议的同时进行路由控制是一个标准功能。路由协议把路由写入一个称为路由信息库（Routing Information Base，RIB）的软件数据结构，

⊖　传统广域网通常使用 MPLS VPN 和 IPSec VPN。——译者注

gRIBI 也把路由写入 RIB。交换机软件使用 RIB 作为输入，对转发信息库（Forwarding Information Base，FIB）进行编程，FIB 是交换机硬件在数据平面中转发数据包的结构。

这种架构的另外两个优点是，gRIBI 是交换机控制平面的一部分，在动态路由协议学习的同时创建路由条目，而路由条目不是作为设备配置处理的。gRIBI 具有事务性语义，允许编程实体接收编程操作的结果。

4.2.4　数据平面开发套件（DPDK）

数据平面开发套件（Data Plane Development Kit，DPDK）是一种绕过内核，在用户空间处理数据包的技术。

DPDK 是一组用户空间软件库和驱动，可以用来加速数据包的处理。DPDK 创建一条从网卡到用户空间的低时延、高吞吐量的网络数据路径，绕过内核中的网络协议栈，如图 4-3 所示。

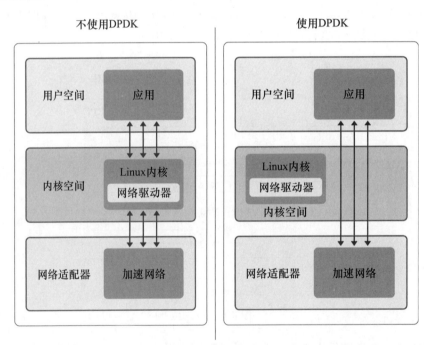

图 4-3　DPDK

DPDK 是与处理器无关的，目前支持 Intel x86、IBM POWER 和 ARM，主要在 Linux 和 FreeBSD 上使用。DPDK 利用了多核框架、大页内存、环形缓冲区和轮询模式来提升网络、加密和事件的处理效率。

尽管 DPDK 的设计就是为了使用轮询模式驱动，但是内核仍然需要提供对网卡内存空间的访问，同时还需要提供中断处理。中断处理通常只限于链路的上行和下行事件。这些任务是通过一个称为 UIO（用户空间 I/O）的内核模块来完成的。Linux 内核包括一个基本的 UIO 模块，基于设备文件 /dev/uioX，用于访问网卡的地址空间并处理中断。注意：这个模块不提供 IOMMU 保护，IOMMU 保护是由一个类似的、更安全的模块 VFIO 提供的。

使用 DPDK 时，需要重写应用程序。例如，要运行一个使用 TCP 的应用程序，必须提供用户空间的 TCP 实现，因为 DPDK 绕过了内核的网络协议栈，包括 TCP。

DPDK 有一个不断增长和活跃的用户社区，他们非常重视通过 DPDK 获得的网络性能改进。减少上下文切换、网络层处理、中断等，对于处理 10 Gbps 或更高速度的以太网特别有意义⊖。

Linux 社区中的一部分人不喜欢 DPDK 和用户空间虚拟交换机，因为它们将网络的控制权从 Linux 内核中移除。这个群体更喜欢 eBPF（见 4.3.5 节）和 XDP（见 4.3.6 节）等方法，它们是内核的一部分。

4.3　虚拟交换机

我们在 3.2 节中介绍了虚拟交换机（vSwitch）。之前描述的虚拟交换机是用于在虚拟机之间交换数据包，并通过网卡向外发包的软件实体，通常存在于 Hypervisor 虚拟层的内部。但 Hypervisor 虚拟层并不是虚拟交换机的唯一应用场景，容器也可以使用虚拟交换机进行组网。

在本节和后续的章节中，我们将描述一些虚拟交换机的实现，并尝试根据以下标准对其进行分类：

- 交换的位置——在硬件、内核还是用户空间中。
- 是否对所有数据包一视同仁，或是否存在"首包"的概念。
- 虚拟交换机是否是单独的实体，是否存在更高层次的协调，也就是说，一个管理软件能不能把多个虚拟交换机作为一个实体来管理？

4.3.1　开源虚拟交换机（OVS）

开源虚拟交换机（Open vSwitch，OVS）是分布式虚拟多层交换机开源实现的一个例子 [12]。OVS 是由 Nicira（现在是 VMware 的一部分）创建的。根据官方文档，它是"一个在开源的 Apache 2.0 许可证下授权的生产级多层虚拟交换机，旨在通过程序化扩展实

⊖　更高速度的以太网，可以通过 DPDK 来加速，但是需要消耗大量的 CPU 来进行流水线处理，而超过 40 Gbps 的以太网已经不适合单纯用 DPDK 进行加速，而是需要结合 ToR 交换机或者智能网卡进行硬件卸载，这也是本书的一个重要议题。——译者注

现大规模网络自动化，同时仍然支持标准管理接口和协议（如 NetFlow、sFlow、IPFIX、RSPAN、CLI、LACP、802.1ag）。此外，OVS 还支持包含多个物理服务器的分布式服务器，类似于 VMware 的 vNetwork 分布式虚拟交换机或 Cisco 的 Nexus 1000V。"

  图 4-4 根据官方网站描述了一个 OVS 交换机 [13]。OVS 交换机有不同的使用方式。默认情况下，OVS 交换机是一个符合以太网标准的二层网桥，单独工作并进行 MAC 地址学习。OVS 也是 OpenFlow 交换机的一种实现，在本实例中，多个 OVS 交换机可以作为一个分布式交换机，由控制器统一管理和编程，如图 4-5 所示。

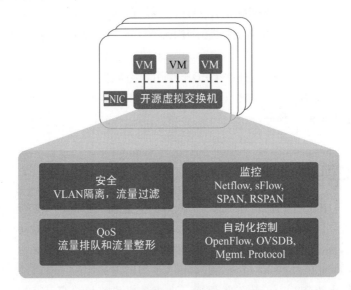

图 4-4 OVS

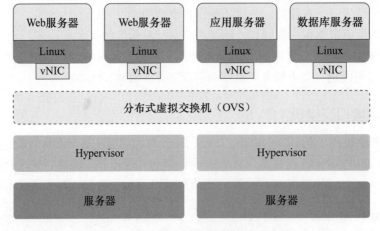

图 4-5 分布式 OVS

　　图 4-6 展示了 OVS 架构，概述了内核组件、用户空间数据路径、管理程序，以及可选的与远程控制器的连接。

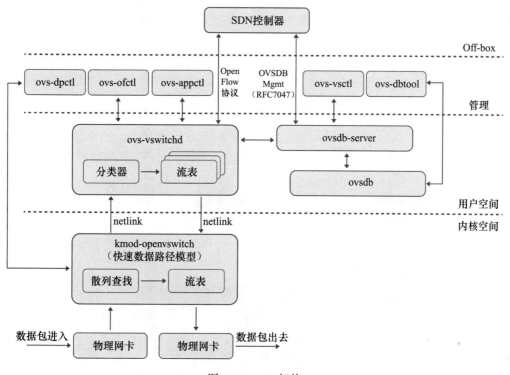

图 4-6　OVS 架构

　　先来看下内核 OVS（kmod-openvswitch）。内核 OVS 在内核中实现了多个数据路径，每个数据路径可以有多个"vport"（类似于网桥中的端口），还有一个流表。需要注意的是，内核 OVS 的数据路径是对标准 Linux 内核网络数据路径的替代。与 OVS 关联的接口将会使用 OVS 数据路径，而不使用 Linux 数据路径。

　　内核 OVS 每次在 vport 上接收到数据包时，都会根据流特征计算出一个键值，并在缓存的表项中搜索该键值。如果找到了，就对数据包执行相关的操作；否则，会把键值和数据包传递给 ovs-vswitchd，也就是用户空间守护进程。

　　用户空间守护进程可以对数据包进行非常复杂的分析，查询多个 OpenFlow 流表。完成查询后，守护进程会在内核模块中生成相应的缓存，以便在内核中直接处理同一流的其他数据包。这种行为类似于 2.8 节中描述的基于缓存的转发。

　　OVS 的配置是持久化的。ovs-vswitchd 连接到 ovsdb-server，在 OVS 启动时从数据库中恢复配置。OVSDB（Open vSwitch Database）是一个配置 OVS 的管理协议 [14]。

　　图 4-6 中，有几个名字以"ctl"（发音为"cutle"）结尾的块。这些块是用于对不同

功能进行编程的命令行接口。

前面描述的都是 OVS 的标准实现，大部分是在用户空间中完成的，但转发为内核组件。OVS 也可以完全在用户空间中运行，比如使用 DPDK 将所有的数据包转移到用户空间。在这两种情况下，OVS 都会给服务器的 CPU 带来一定的负载，而这种负载的影响是非常大的。

OVS 也可以使用硬件加速，例如用网卡上的硬件表代替内核中的软件表。图 4-7 显示了一个 OVS 与网卡结合的可能实现，网卡上有一个符合 OVS 标准的硬件流表和一个或多个处理器来运行 OVS 守护进程和 OVSDB。这个概念类似于 2.8.1 节描述 Microsoft GFT 和 Azure SmartNIC 时的概念。

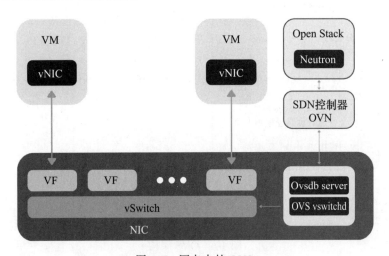

图 4-7 网卡中的 OVS

请注意，前面的解决方案是可行的，因为 OVS 完全包含在网卡中，因此对内核来说是透明的。Linux 社区已经拒绝将 OVS 硬件卸载纳入标准内核。为了绕过这个限制，一些公司开发了下一节中描述的解决方案。

图 4-7 也显示了一种 OVS 与 OpenStack 的集成方案（见 3.5 节）。在 OpenStack 中，Neutron 节点和 Nova 节点都运行 OVS 来提供虚拟化的网络服务。

OVS 也是 XEN 环境中的默认虚拟交换机（见 3.2.5 节）。

4.3.2　tc-flower

tc-flower 是 Linux 内核流量分类子系统 tc 的扩展。tc-flower 允许构建一个匹配 – 动作数据路径。

匹配部分用于对二层、三层及四层报文头和元数据（metadata）中的各种字段进行分类。tc-flower 使用内核中的一个子系统，叫作流量分解器（flow dissector）。tc-flower 动作包括输出、丢弃、编辑数据包和 VLAN 操作（如压入和弹出 VLAN 标签）。

　　tc-flower 的匹配 – 动作逻辑是无状态的，每个数据包都独立于其他包的处理，即无法使用其他数据包保持的连接状态来决定本数据包的处理。

　　另外，tc-flower 继承了 tc 的复杂性，所以并没有被广泛采用。

　　那么，为什么有些公司打算将 tc-flower 与 OVS 结合使用呢？

　　因为从 Linux 内核 v4.14-rc4 开始，可以通过一个小程序 ndo-setup-tc 将 tc-flower 卸载到硬件上[15]。同样的服务也用于卸载伯克利分组过滤器（Berkeley Packet Filter，BPF），下一节将进行描述。图 4-8 显示了这种方案。

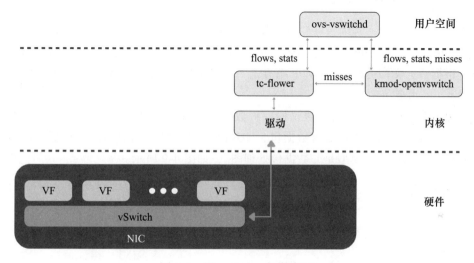

图 4-8　用 tc-flower 卸载 OVS

　　基本思想是借助 tc-flower 来实现 OVS 卸载。网卡在硬件中维护 OVS 的流表，如果一个数据包没有匹配到流表，就会被传递给 tc-flower，tc-flower 几乎是一个空壳，只是将没有匹配的数据包重定向到 OVS 内核模块。与硬件相比，内核模块可能会有一个更大的流表，包括处理小流量（也被称为"老鼠流"，与"大象流"相对应）的流表。如果 OVS 内核模块流表中没匹配到，就会把结果回复给 tc-flower；否则，OVS 的用户空间模块就会被激活，就像正常的 OVS 处理一样。OVS 从 OVS 2.8 开始支持 tc-flower 的集成。

　　如前所述，这种方式最大的限制是 tc-flower 匹配是无状态的，要使其成为有状态的，就需要与 conntrack 结合，并需要在 tc-flower 中进行两次传递，一次在 conntrack 之前，一次在 conntrack 之后。"有状态安全组"是这个缺失功能的另一个名称⊖。

　　⊖　conntrack 即连接跟踪，就是跟踪并且记录连接状态。Linux 为每一个经过网络堆栈的数据包生成一个新的连接记录项，此后，所有属于此连接的数据包都被唯一地分配给这个连接，并标识连接的状态。——译者注

4.3.3　DPDK RTE 流过滤

DPDK 通用流 API[16] 提供了一种方法来配置硬件（典型如网卡），匹配特定的数据包，然后决定其处理，并查询相关计数器。它是一个基于 DPDK 的"匹配－动作"范式 API，不涉及内核组件，因此不需要合入内核或非标准内核补丁。

因为所有的调用都是以"rte_"开头（RTE 代表运行时环境，即 Run Time Environment），因此这个 API 也叫作 DPDK RTE 流过滤。

这种方法受到与 tc-flower 方法一样的限制：只支持无状态规则，不支持有状态安全组。

4.3.4　矢量包处理（VPP）

本书涉及的最后一种内核旁路方法是矢量包处理（Vector Packet Processing, VPP）[17]，它是由 Cisco 捐赠给 Linux 基金会项目的，现在是 FD.io（Fast Data - Input/Output）的一部分。根据官方文档的介绍："VPP 平台是一个可扩展的框架，它提供了开箱即用的产品级交换机／路由器功能。"

VPP 利用 DPDK 绕过内核协议栈，将数据包处理转移到用户空间，另外 VPP 还实现了额外的优化技术，如批处理数据包、NUMA 感知、CPU 隔离等，从而提升性能。

VPP 的数据包处理模型是"数据包处理图"，如图 4-9 所示。

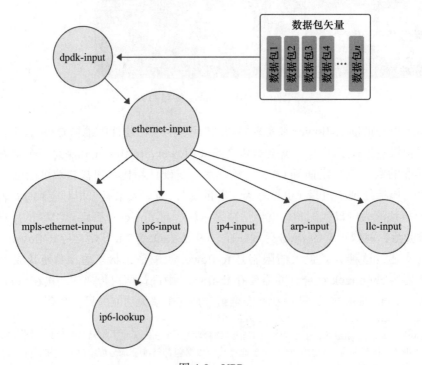

图 4-9　VPP

数据包在 VPP 中是分批处理的。在任意给定时间，VPP 收集所有等待处理的数据包，将其分批处理，并将图应用到这些数据包上[⊖]。这种方法的好处是，所有的数据包在同一时间被相同的代码处理，这样 CPU 指令的缓存命中率就会大大增加。另一种想法是，该批处理的第一个数据包为其余数据包预热了指令缓存。VPP 的数据包是通过 DPDK 收集的，所以没有中断，也就没有上下文切换。这最大限度地减少了开销，并提高了性能。

VPP 还支持"图插件"，可以添加 / 删除图节点并重新排列数据包图。插件是一种非常方便的升级或添加新功能的方法。

4.3.5　BPF 和 eBPF

到目前为止，讨论的所有虚拟交换方法都尽量避开了 Linux 内核，将相当一部分工作转移到用户空间。本节和下一节将描述充分利用 Linux 内核从而得到 Linux 内核社区支持的方法。

让我们从最初的努力开始说起。1992 年，Van Jacobson 和 Steven McCanne 提出了一种解决方案，在 UNIX 中实现名为 BPF（Berkeley Packet Filter）的内核包过滤器，将网络数据包复制到用户空间的次数降到最低 [18]。

BPF 定义了一个抽象的基于寄存器的"过滤器"，类似于 RISC CPU。BPF 由一个累加器、一个索引寄存器、一个临时存储器和一个隐式程序计数器组成。过滤器是由 BPF 实现的数据包处理程序。当 BPF 处于活动状态时，设备驱动将接收到的数据包送到 BPF 进行过滤。这个动作的结果可能是接受或拒绝该数据包。

2014 年，Alexei Starovoitov 提出了扩展的 BPF（eBPF）。eBPF 更接近现代处理器，将寄存器的数量从 2 个扩展到 10 个，升级到 64 位寄存器，并增加了更多的指令，这样 eBPF 就可以使用 LLVM 编译器基础架构进行 C 语言编程 [19-20]。与 BPF 相比，eBPF 还提供更好的性能。

一个合理的问题是：为什么 eBPF 与虚拟交换机的讨论有关？这里列出 4 个原因：

- eBPF 程序不仅可以编码成基本的虚拟交换机，还可以编码成其他的网络服务，如防火墙等，所以对于某些应用来说，eBPF 可以作为 OVS 的替代品。
- 当 eBPF 与下一节介绍的内核技术——XDP 结合使用时，性能会有明显的提高。
- eBPF 可以被卸载到领域专用硬件上（例如网卡），可以使用 ndo-setup-tc，也就是卸载 tc-flower 的工具。
- eBPF 可以在 Linux 网络栈中的不同层执行操作，例如路由前、路由后、套接字层等，提供灵活的插入点。

⊖　由节点图构成 VPP 处理数据包的流水线逻辑。——译者注

4.3.6　XDP

　　XDP（eXpress Data Path）在 Linux 内核中提供一个高性能、可编程的网络数据路径 [20-21]。Linux 内核社区开发了 XDP 作为 DPDK 的替代方案。Linux 网络子系统的主要维护者 David Miller 说："DPDK 不符合 Linux 的理念。"他的理由是 DPDK 绕过了 Linux 网络栈，在 Linux 领域之外。

　　XDP 是 Linux 内核中以最低开销运行 eBPF 程序的机制，如图 4-10 所示 [22]。

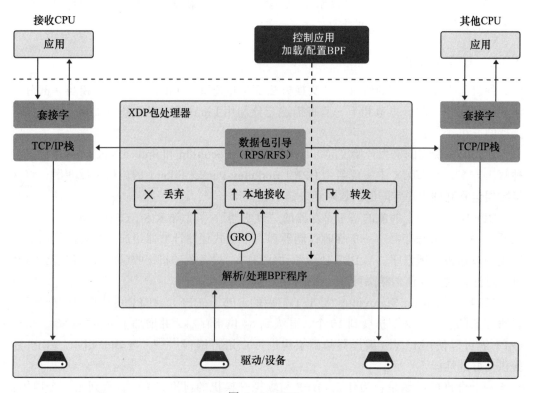

图 4-10　XDP

　　一旦数据包从接收环中取出，XDP 就在驱动程序的接收端中执行。这是理论上的第一个能够处理数据包的地方。XDP 会在数据包的套接字缓冲区（Socket Buffer，SKB）附加到数据包之前被调用。套接字缓冲区是内核的网络协议栈使用的大型数据结构，在附加 SKB 前处理数据包有显著的性能优势。XDP 工作在一个线性缓冲区上，这个缓冲区装在单个内存页上，它的元数据只有两块：数据包开始和结束的指针。这个缓冲区不是只读的，eBPF 可以通过修改数据包来实现路由等操作。eBPF 处理数据包的结果包括以下四种操作之一：丢弃数据包、由于 eBPF 内部错误导致的中止、将数据包传递给 Linux 网络栈，以及在收到的接口上发送数据包。在所有情况下，eBPF 都可能会对数据包进行修改。

XDP/eBPF 的用例除桥接和路由外，还有拒绝服务检测（Denial of Service，DoS）[23]、负载均衡、流量采样和监控等。

在 Linux 内核中引入 XDP 之后，有人提出了将 eBPF/XDP 与 OVS 结合使用的建议 [24]。这里有两种不同的方法可供选择：

- 使用 eBPF 重写 OVS 内核模块（kmod-openvswitch）。
- 使用 AF_XDP 套接字，将流量处理移至用户空间。

4.3.7　虚拟交换机总结

前面的章节已经描述了几种不同的虚拟交换机的实现方法，图 4-11 尝试将所有的这些都归纳为一张图。

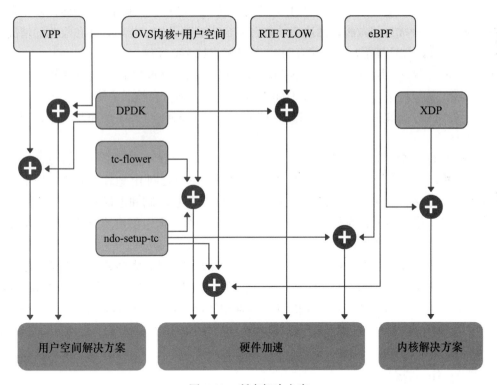

图 4-11　所有解决方案

这些方案的区别主要有以下三个方面：

- 使用原生 Linux 模型，或绕过 Linux 网络协议栈。
- 在内核或用户空间中运行，或两者的组合。
- 使用硬件加速。

所有的软件方案在 10 Gbps 以上的时候都有性能问题，因为它们会消耗服务器 CPU 的很多核。

在 10 Gbps 及以上的情况下，硬件加速是必需的，但目前的很多解决方案只是对现有网卡的补充，有很多限制[⊖]。

实际的解决方案应该使用领域专用硬件实现经典桥接和路由模型，以及主要的分布式网络服务（如 NAT、防火墙、负载均衡等）。

接下来的章节将解释这些与路由和桥接相辅相成的分布式网络服务。

4.4　有状态 NAT

IP 地址管理仍是一个痛点，向 IPv6 的过渡还远未结束。根据 RFC 1918，使用私有 IPv4 地址是一种常见的做法，但这会导致在混合云基础设施、公司合并和收购的情况下地址重复。在这种环境下，对有状态 NAT 的良好支持是必需的。

网络地址转换（Network Address Translation，NAT）会改变 IP 数据包中的 IP 地址。NAT 与端口地址转换（Port Address Translation，PAT）通常会被混淆使用，实际上，PAT 指的是动态映射或改变 TCP/UDP 端口号的能力。关于 NAT 与 PAT 的完整讨论，请参阅 RFC 2663[25]。

任何时候，NAT 都需要"有状态"[⊜]，其工作方式称为 IP 伪装（IP masquerading），在这种方式中，一组私有 IP 地址通过使用 PAT 映射到单个公网 IP 地址，典型的例子是家庭网关，家庭网关使用单个公共 IP 地址将多个 PC、平板电脑和电话连接到互联网。在这种情况下，家庭网关会为某一特定连接生成的第一个数据包创建用于转发同一连接反方向的数据包所需的映射表，因此被称为"有状态 NAT"。

幸运的是，需要穿越 NAT 的应用协议数量已经大幅减少，大多数承载协议都是 NAT 友好的，如 SSH、HTTP 和 HTTPS。有些旧协议需要实现 NAT 应用层网关（Application Layer Gateways，ALG），因为它们在应用层载荷中携带了 IP 地址或端口号。一个值得注意的例子是 FTP，即使有不存在 NAT 问题的既优秀又安全的替代方案，FTP 仍然被广泛使用。

4.5　负载均衡

另一个正在变得无处不在的四层服务是负载均衡。

⊖　其实，也可以通过多核来实现，但消耗 CPU 较多，相比于硬件加速的方案，在性能和成本上有较大的劣势。——译者注

⊜　实际上，有无状态的 NAT 技术，只是应用比较少。——译者注

负载均衡的主要应用是将 HTTP 或 HTTPS 请求分布到一个 web 服务器池中，以增加单位时间内可服务的网页数量，最终实现 web 流量的负载均衡[26]（如图 4-12 所示）。

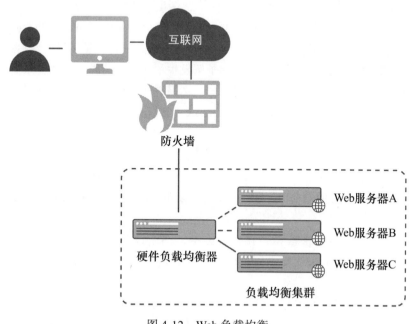

图 4-12　Web 负载均衡

负载均衡器在客户端查询后端网络服务器时充当代理，这有助于把防火墙和微分段结合起来，确保后端服务器免受攻击（见 5.1 节和 5.2 节）。

负载均衡器根据配置好的算法，接收请求并分配到特定服务器，算法有加权轮询或最小响应时间等。这就要求负载均衡器是有状态的，需要跟踪后端服务器的状态和负载，并且能够将来自特定客户端的所有请求引导到同一个后端服务器。

负载均衡器还可以执行静态内容的缓存、压缩、SSL/TLS 加密和解密，以及单点认证。

负载均衡器过去是作为独立设备实现的，现在负载均衡器正在从集中式服务模式向分布式服务模式转变，这也保证了更高的性能。防火墙也在经历着类似地向分布式防火墙的转变。一个分布式服务节点可以实现和集成这两种功能。

4.6　故障排除和遥测

目前为止，解释的许多技术对于构建数据中心和云基础架构都是必不可少的，但这些技术也引入了大量的复杂性，可能会成为瓶颈并导致速度变慢。比如说，I/O 整合带来了在一个统一的网络上运行一切流量的可观承诺，可以大大节省成本，不需要单独维护一个存储网络⊖。当一个应用程序运行缓慢时，可能很难确定到底是哪里出了问题，"我的应用为什么会慢？是网络的错吗？不是，是操作系统的错；不是，是应用写得不好；不是，是存储后端速度慢；不是，是存储后端出现丢包；不是，……"要想明白是怎么回事，唯一的方法就是使用遥测（telemetry），这个词是由希腊语中的 tele（远程）和 metron（测量）两个单词组成的。我们要尽可能多地测量，并将测量结果上报给远程的管理服务器，而如果没有客观的测量，就不可能了解发生了什么。这时，遥测就派上了用场。

遥测就是对大量的参数进行实时测量⊜。这本身并不新鲜，交换机和路由器有多个硬件计数器，通常通过简单网络管理协议（Simple Network Management Protocol，SNMP）进行读取 [27]。

SNMP 是一种"拉"模式（通常也称为"轮询"模式），在这种模式下，管理服务器会定期从网络设备中拉数据。拉取的典型时间间隔为 5 分钟，而网络设备上的 SNMP 效率很低，而且会消耗大量的 CPU 周期：发送过多的 SNMP 请求可能会使路由器的 CPU 饱和。

拉模型的替代方案是推模型，在推模型中，网络设备会定期推送数据，例如通过 NetFlow[28] 向 NetFlow 采集器导出流量统计，或者通过 Syslog[29] 将事件记录到远程服务器上。

遥测建立在这些现有的思想上，但也加入了一些新概念：

- 通常情况下，网络中的数据需要通过一种正式的语言（如 YANG）来建模，这样应用程序就可以方便地消费数据。然后将其编码成结构化格式，如 XML、JSON 或 Google 的 protocol buffer（见 3.4.2 节）。另一个重要的考虑是，因为要发送的数据量很大，因此需要采用紧凑高效的编码方案。
- 用于推送的协议是比较现代化的，来自计算机世界，而不是网络世界。Google 的 ProtoBuf 消息格式经常被用来发送数据。
- 需要发往采集器的数据是海量的，因此通常需要对数据进行预过滤。例如，与异常行为相关的数据相比，显示出正常行为的数据可以减少发送的频率。
- 这种推送可以是"基于周期"或"基于策略"的，也就是说，可以是周期性的，也可以在触发某个特定策略时（如超过阈值）进行。策略也可以实时优化，使得数据收集变得更加有用。

准确的遥测是进行根本原因分析的重要工具。在许多情况下，故障很难定位，尤其是间歇性故障，为了确定应用减速的主要原因，需要对一系列事件进行分析，没有良好

⊖ I/O 整合通常是指数据中心里使用相同的物理基础设施来传输多种类型的流量，每种类型的流量通常都具有特殊的特性和特定的处理要求，具体见《思科数据中心 I/O 整合》一书。——译者注

⊜ 百度百科的定义是"遥测是将对象参量的近距离测量值传输至远距离的测量站来实现远距离测量的技术"。——译者注

的遥测是不可能实现的。

在一个分布式服务平台中，遥测应该覆盖到所有不同的服务，这样才能起到有效的作用。特别是，当多个服务被串联在一起时，遥测有助于确定究竟是链中的哪个服务造成了问题。

4.7　总结

本章介绍了云和企业网络中极具价值的网络分布式服务。领域专用硬件可以使这些服务的实现具有极高的性能和可扩展性。这些服务可以部署在网络的不同位置，而且在设备（如交换机）中实现这些服务为支持裸机服务器提供了额外的优势，并且提供了多个服务器共享领域专用硬件的可能性，从而降低成本。

4.8　参考文献

[1] Radia Perlman. 1999. *Interconnections* (2nd Ed.): *Bridges, Routers, Switches, and Internetworking Protocols.* Addison-Wesley Longman Publishing Co., Inc., Boston, MA, USA.

[2] Nick McKeown, Tom Anderson, Hari Balakrishnan, Guru Parulkar, Larry Peterson, Jennifer Rexford, Scott Shenker, and Jonathan Turner. 2008. "OpenFlow: enabling innovation in campus networks." SIGCOMM Comput. Commun. Rev. 38, 2 (March 2008), 69–74. DOI=http://dx.doi.org/10.1145/1355734.1355746

[3] The Open Networking Foundation (ONF), https://www. opennetworking.org

[4] The Open Networking Foundation (ONF), "OpenFlow Switch Specification Version 1.5.1 (Protocol version 0x06)," March 26, 2015, ONF TS-025.

[5] https://en.wikibooks.org/wiki/Routing_protocols_and_architectures/Routing_algorithms

[6] NetworkWorld, "Google Showcases OpenFlow network," https://www.networkworld.com/article/2222173/google-showcases-openflow-network.html

[7] Google, "OpenFlow @ Google," http://www.segment-routing.net/images/hoelzle-tue-openflow.pdf

[8] NetworkWorld, "Google's software-defined/OpenFlow backbone drives WAN links to 100% utilization," https://www.networkworld.com/article/2189197/google-s-software-defined-openflow-backbone-drives-wan-links-to-100--utilization.html

[9] P4 Language Consortium, https://p4.org

[10] NetworkWorld, "SD-WAN: What it is and why you'll use it one day," 2016-02-10,

https://www.networkworld.com/article/3031279/sd-wan-what-it-is-and-why-you-ll-use-it-one-day.html

[11] gRIBI, https://github.com/openconfig/gribi

[12] T. Koponen, K. Amidon, P. Balland, M. Casado, A. Chanda, B. Fulton, I. Ganichev, J. Gross, N. Gude, P. Ingram, E. Jackson, A. Lambeth, R. Lenglet, S.-H. Li, A. Padmanabhan, J. Pettit, B. Pfaff, R. Ramanathan, S. Shenker, A. Shieh, J. Stribling, P. Thakkar. Network virtualization in multi-tenant data centers, USENIX NSDI, 2014.

[13] Linux Foundation Collaborative Projects, "OVS: Open vSwitch," http:// www.openvswitch.org

[14] Pfaff, B. and B. Davie, Ed., "The Open vSwitch Database Management Protocol," RFC 7047, DOI 10.17487/RFC7047, December 2013.

[15] Simon Horman, "TC Flower Offload," Netdev 2.2, The Technical Conference on Linux Networking, November 2017.

[16] DPDK, "Generic Flow API," https://doc.dpdk.org/guides/prog_guide/rte_flow.html

[17] The Linux Foundation Projects, "Vector Packet Processing (VPP)," https://fd.io/technology

[18] Steven McCanne, Van Jacobson, "The BSD Packet Filter: A New Architecture for User-level Packet Capture," USENIX Winter 1993: 259–270.

[19] Gianluca Borello, "The art of writing eBPF programs: a primer," February 2019, https://sysdig.com/blog/the-art-of-writing-ebpf-programs-a-primer

[20] Diego Pino García, "A brief introduction to XDP and eBPF," January 2019, https://blogs.igalia.com/dpino/2019/01/07/introduction-to-xdp-and-ebpf

[21] Fulvio Risso, "Toward Flexible and Efficient In-Kernel Network Function Chaining with IO Visor," HPSR 2018, Bucharest, June 2018, http://fulvio.frisso.net/files/18HPSR%20-%20 eBPF.pdf

[22] The Linux Foundation Projects, "IO Visor Project: XDP eXpress Data Path," https://www.iovisor.org/technology/xdp

[23] Gilberto Bertin, "XDP in practice: integrating XDP in our DDoS mitigation pipeline," 2017, InNetDev 2.1—The Technical Conference on Linux Networking. https://netdevconf.org/2.1/ session.html?bertin

[24] William Tu, Joe Stringer, Yifeng Sun, and Yi-HungWei, "Bringing The Power of eBPF to Open vSwitch," In Linux Plumbers Conference 2018 Networking Track.

[25] Srisuresh, P. and M. Holdrege, "IP Network Address Translator (NAT) Terminology and Considerations," RFC 2663, DOI 10.17487/RFC2663, August 1999.

[26] Nginx, "What is load balancing," https://www.nginx.com/resources/glossary/load-balancing

[27] Harrington, D., Presuhn, R., and B. Wijnen, "An Architecture for Describing Simple

Network Management Protocol (SNMP) Management Frameworks," STD 62, RFC 3411, DOI 10.17487/RFC3411, December 2002.

[28] Claise, B., Ed., "Cisco Systems NetFlow Services Export Version 9," RFC 3954, DOI 10.17487/RFC3954, October 2004.

[29] Gerhards, R., "The Syslog Protocol," RFC 5424, DOI 10.17487/RFC5424, March 2009.

Chapter 5

第 5 章

安全服务

本章将介绍云和数据中心网络中重要的安全服务，用来应对不断变化的安全威胁和合规问题。

安全威胁可以是来自外部的（来自网络）或内部的（来自被破坏的应用程序），当前的解决方案要么是假设应用、虚拟机管理程序以及操作系统等不能被破坏，要么是基于网络的安全模型认为内部网络是可信的，只在边缘设立安全检查点。但是，这两种传统的方法都需要被重新审视，例如 Spectre 和 Meltdown 事件 [1] 告诉我们，不能相信一个被破坏的主机、操作系统或 Hypervisor 虚拟层。同样，限制横向移动（东西向）的能力也是至关重要的，可以避免攻击目标被破坏后产生额外的损失。

最初，安全体系结构是基于"边界"的概念，主要保护进出数据中心的"南北向"流量（如图 5-1 所示），而数据中心内的东西向流量则被认为是可信的、安全的，是不会受到攻击的。换句话说，"坏人"都在边界外面，在里面的都是"好人"。

随着时间的推移，这个模型已经显示出它的局限性，远程办公和移动办公以及 B2B（企业对企业）连接，使得边界变得更加分散。

虚拟专用网（Virtual Private Network，VPN）技术曾发挥巨大的作用（见 5.12 节），但是由于攻击类型已经发生了变化，因此数据中心内东西向流量也需要被保护。

根据 Keepnet Labs 的 2017 年钓鱼趋势报告 [2]，"超过 91% 的系统入侵是由钓鱼攻击造成的"。钓鱼攻击是指在安全边界内的人点击电子邮件中收到的虚假链接，结果导致对边界内的系统产生破坏。

此问题的解决方案由多个安全服务组合而成，包括防火墙、微分段、加密、密钥管理和 VPN。

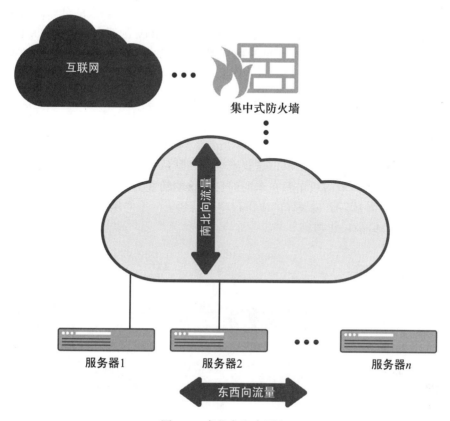

图 5-1 南北向和东西向

5.1 分布式防火墙

由于多租户需求和前面描述的攻击类型的变化，分布式防火墙正成为必需品。基于加密的传统安全措施通常是一个好主意，但当防火墙内的系统被感染时，该方法就失效了，因为恶意软件可以通过加密的渠道传播。

下一道防线是通过防火墙控制受感染的系统，出于与 NAT(参见 4.4 节) 类似的考虑，防火墙也需要有状态，例如，发往一个方向的流量会创建允许同一连接的反方向流量通过所需要的状态，反方向的流量如果未被创建的相应的状态允许，则将会被丢弃。

为边界保护创建的离散防火墙也可以用来保护和分隔东西向流量，特别是利用VLAN 技术。这种技术被称为流量往返或转接（参见 2.7.1 节），指的是通过防火墙将流量从一个 VLAN 发送到另一个 VLAN。这种场景下，集中式防火墙很可能会成为性能瓶颈，数据中心和云中的所有数据包的路由查找和转发都将受到限制。

更好的解决方案是将防火墙功能分发给距离最终用户尽可能近的分布式服务节点，例如，将防火墙功能合并到 ToR/Leaf 交换机或支持 SR-IOV 的网卡中（参见 8.4 节）。这两种解决方案都将路由和转发与防火墙解耦，消除了性能瓶颈，并让时延和抖动更低。

5.2　微分段

微分段（microsegmentation）是一种基于分布式防火墙概念的技术，它将数据中心划分为与工作负载相关的不同安全段，这些安全段在默认情况下不能相互通信，这就限制了已经突破南北向防火墙的攻击者在东西向自由移动的能力。这些安全段也称为安全区域，通过防止攻击者从一个被破坏的应用程序移动到另一个应用程序来减少网络攻击面。图 5-2 展示了微分段的示意图。

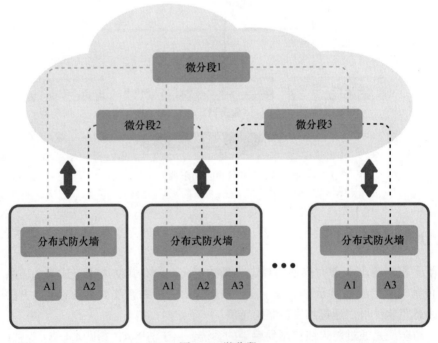

图 5-2　微分段

微分段将细粒度的安全策略关联到受分布式防火墙保护的数据中心应用，这些策略不局限于底层网络的 IP 地址或 VLAN 标签，它们可以对上层网络数据包中的信息起作用，特别是虚拟机或容器中指定的一些信息。

"零信任"的概念也是微分段的一部分："永远不要信任，永远都要验证。"这意味着只启用必要的连接，默认情况下会阻塞其他任何非必要连接。例如，可以创建一个包含特定实验室的所有物联网（Internet of Things，IoT）设备的段，并创建允许它们彼此通信的策略和网关，如果物联网设备移动，那么它的安全策略也随之改变。

本文中的零信任安全（zero-trust security）指的是，拥有网络访问权并不意味着可以访问网络中的所有应用程序，这是白名单概念的延伸：除非指明，否则什么都不允许。

低吞吐量和复杂的策略管理是实施微分段的两个障碍。低吞吐量是因为流量转接进入集中式防火墙，即使升级这些防火墙（一个可能非常昂贵的操作），仍然会产生性能瓶颈，导致高时延、抖动和潜在的丢包。使用分布式防火墙体系结构（防火墙尽可能靠近应用程序）可以解决这个问题。同样，由于第 4 章中解释的原因，这些防火墙需要是有状态的（例如 NAT、IP 伪装）。任何时候，只要有状态，就有潜在的扩展性问题：更新流数据库的速度有多快（每秒连接数）？可以支持多少条目？分布式解决方案天然地随大小而伸缩，这也意味着用于微分段的防火墙不能是离散的设备。然而，非常细粒度地分布防火墙也会产生策略管理问题。

随着工作负载数量、防火墙数量以及在快速变化环境中支持移动性需求的增加，策略管理的复杂性呈指数级增长。手动为微分段编写防火墙是不切实际的，更是不可能的，微分段需要一个强策略管理器，安全策略的制定独立于网络拓扑或实施点的位置，策略管理器负责通过 API（如 REST API 或 gRPC）与所有分布式防火墙通信，API 用于将相关的策略子集传递到每个防火墙，并在用户和应用程序移动或更改策略时，对相关防火墙上的策略进行修改。

要了解更多信息，我们推荐 *Micro-Segmentation For Dummies* 一书，作者 Matt De Vincentis 详细分析了微分段的优势和局限性 [3]。

5.3　无处不在的传输层安全

传输层安全（Transport Layer Security，TLS）是一种用于保护数据中心内外通信的现代安全标准。TLS 最初是为了保护 Web 流量开发的，但它可以用来保护任何流量，5.11.2 节和 5.11.3 节将讨论 TLS 的封装，这里重点讨论其安全性。

在讨论之前，先介绍一下 HTTP、HTTPS、SSL 和 TLS 之间的区别。

- **HTTP**（Hypertext Transfer Protocol，超文本传输协议）是一种应用层协议，用于两台机器之间的通信，主要用于 Web 通信。HTTP 本身不提供任何安全性，最初的 HTTP 遇到了一些性能问题，但是最新的 HTTP/2 非常高效。通常，Web 服务器在 TCP 的 80 端口上绑定 HTTP ⊖。

　⊖　最新的 IETF 正在讨论 HTTP/3，已经提出了草案。——译者注

- **HTTPS**（HTTP Secure，超文本传输安全协议）是 HTTP 的安全版本。安全性是通过在 SSL 或 TLS 上运行 HTTP 来添加的，因此也被称为基于 SSL 的 HTTP 或基于 TLS 的 HTTP，通常，Web 服务器将 HTTPS 绑定到 TCP 的 443 端口。
- **SSL**（Secure Sockets Layer，安全套接层）是一种提供身份认证和数据加密的协议。SSL 2.0 于 1995 年引入，并演化为 SSL 3.0，由于存在安全缺陷，所有 SSL 版本都已被弃用。
- **TLS**（Transport Layer Security，安全传输层协议）是 SSL 的继承者。TLS 1.1 于 2006 年引入，现在已被弃用，目前的 TLS 版本是 1.2（2008 年推出）[4] 和 1.3（2018 年推出）[5]，图 5-3 展示了 TLS 协议栈。

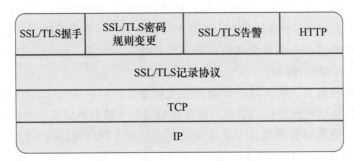

图 5-3　TLS 协议栈

TLS 提供了一个很好的安全解决方案——完美前向保密（Perfect Forward Secrecy，PFS），PFS 为每个用户发起的会话生成唯一的密钥，以防止密钥或密码受到破坏。

所有大公司都正在将其 Web 页面的传输从 HTTP 转移到 HTTPS 以提高安全性，这使 TLS 成为一个重要的协议，但 TLS 也可以用于其他应用程序，如在一种新型的 VPN 中。

实现 TLS 需要许多不同的部分：
- 用于保护用户数据的对称加密。
- 会话创建期间使用的非对称加密。
- 数字证书。
- 散列算法。
- 密钥、证书等的安全存储。
- 生成私钥的机制。
- TCP 的适当实现，因为 TLS 在 TCP 上运行。

下面几节将更详细地描述这些方面。

5.4　对称加密

对称加密是使用相同的密钥来进行消息加密和解密的加密类型，普遍使用的对称算法是由美国国家标准与技术研究所（National Institute of Standards and Technology，NIST）在 2001 年发布的高级加密标准（Advanced Encryption Standard，AES）[6]。

AES 是一种分组加密，可以与不同长度的密钥一起使用，通常为 128 位、192 位或 256 位。它可以在不同的模式下使用：最常见的是伽罗瓦计数器模式（Galois Counter Mode，GCM），这是一种硬件友好的实现，广泛用于 Web 流量；另一种模式 XTS（基于"Xor-encrypt-xor"的密文窃取算法的可调整密码本模式），广泛用于对存储应用中的静态数据进行加密。

AES 128 位 GCM 可能是 TLS 中最常用的对称加密，但 TLS 也支持其他加密算法，包括流密码，如 ChaCha20-Poly1305[7]。

如今，各种设备和处理器中基本都支持对称加密。相比于通用的处理器，将加密转移到专用硬件具有性能和时延方面的优势，但在非对称加密中，性能差距则要大得多，下一节将对此进行讨论。

5.5　非对称加密

非对称加密，也称为公钥加密技术，是一种用两个不同的密钥来进行消息加密和解密的加密类型。在这种加密下，从一个密钥计算出另一个密钥是不可能的（最初的想法来源于 Whitfield Diffie 和 Martin Hellman[8]），这两个密钥分别称为公钥和私钥。任何希望使用非对称加密接收消息的人都将生成密钥对，发布自己的公钥，并对自己的私钥进行保密。例如，Linux 提供了用于密钥生成的 openssl 应用程序，发送方将使用公钥加密消息，只有私钥的所有者才能解密消息。

非对称加密在计算上会比对称加密消耗更多的资源，因此，TLS 只在连接建立阶段使用非对称加密。

TLS 1.2 支持大约 20 种不同的密钥交换、协商机制和身份认证方案，但 TLS 1.3 将它们减少到了 3 种，它们是基于 Diffie-Hellman、RSA（Rivest-Shamir-Adleman）[9] 和椭圆曲线加密 [10-11] 的组合。

RSA 加密算法的安全性，是以两个非常大的质数的乘积用目前的计算机水平无法分解这一前提为基础的。

椭圆曲线是满足特定数学方程 $y^2=x^3+ax+b$ 的一组点。从椭圆曲线加密的某点（公钥）计算另一点（私钥）需要在有限域上求解对数问题，这是一个非常困难的问题。与 RSA 相比，椭圆曲线加密使用一个更小的密钥，就可以达到相同的安全级别。例如，美国国家安全局建议使用 3072 位的 RSA 密钥或 256 位的椭圆曲线密钥[12]来达到与 128 位 AES 对称密钥相当的安全级别。

现在，CPU 大多不支持非对称加密，因此，专用硬件在每秒 TLS 连接的建立数量方面提供了显著的改进。

5.6 数字签名

在使用公钥加密消息之前，必须确保公钥属于接收数据的组织。认证机构通过数字签名保证公钥的所有权。除了确定所有权之外，数字签名还包含密钥的预期用法、有效期和其他参数。

5.7 散列

加密安全散列是一种单向、很难转换的函数，它可以从一个大得多的数据中计算出短签名。散列通常应用于消息并附加到消息中，以确保消息没有被篡改。散列函数的难以转换性可以防止攻击，因为对手很难找到具有相同散列的替代消息。著名的散列算法有 MD5 和 SHA，前者产生一个 128 位的散列值，后者是散列算法的一个家族。MD5 不够安全，甚至连 SHA-1（160 位散列值）也不太安全。当前的技术状态是 SHA-256，它不仅将签名扩展到 256 位，而且与 SHA-1 完全不同——它重新进行了设计。出于性能原因，所有安全解决方案都需要在硬件中实现散列算法⊖。

5.8 安全密钥存储

任何解决方案的安全性基本上都取决于保护私钥私密性的能力，但同时又不会丢失它们⊜。

广为人知的 Spectre、Meltdown 和 Zombieload 攻击（数据可能从一个 CPU 进程泄漏到另一个 CPU 进程）表明，服务器无法保证其安全性。因此，密钥需要安全地存储在专用硬件结构中，即硬件安全模块（Hardware Security Module，HSM）。HSM 通常通过 FIPS 140[13]标准认证，为用户提供独立的保证，确保产品和密码算法的设计和实现是可靠的，HSM 可以是独立的设备或集成到卡或 ASIC 中的硬件模块。安全管理系统还必须通过防篡改、篡改识别或篡改响应等措施来防止篡改（例如，在发生篡改企图时能够自

⊖ 实际上，在性能不太敏感的场景也可以使用软件实现。——译者注
⊜ 私钥只面向非对称加密场景。——译者注

动擦除密钥）。

　　HSM 也可以生成板载密钥，这样私钥就不会离开 HSM。

5.9　PUF

　　PUF（Physical Unclonable Function，物理不可克隆功能）是作为半导体设备的唯一标识的硬件结构。PUF 用于生成每个 ASIC 独有的强加密密钥。PUF 是基于半导体制造过程中自然发生的物理变化来实现的，例如 PUF 可以创建个人智能卡特有的加密密钥。PUF 的一个特性是可以跨电源周期重复执行：它总是生成相同的密钥，因此不需要将其保存在非易失性存储器中。尽管目前存在各种类型的 PUF，但基于 RAM 的 PUF 是大型 ASIC 中最常用的 PUF[14-15]，它们是基于 RAM 单元在启动时初始化为随机但可重复的值这一观察结果，以前基于 EEPROM 或闪存的解决方案的安全性要差得多。

5.10　TCP/TLS/HTTP 实现

　　为了在数据中心中提供普遍的加密，需要出色的 TCP、TLS 和 HTTP 实现，这三个协议之间的关系比较复杂。

　　在 HTTP/2[16] 中，多个 HTTP 请求和响应共享单个 TCP 连接，每个请求都有唯一的流 ID，用于将响应和请求关联起来。响应和请求被分成帧，并使用流 ID 进行标记，帧在单个 TCP 连接上进行多路复用。帧和 IP 包之间没有关系：一个帧可以跨越多个 IP 包，多个帧也可以包含在一个 IP 包中。将 TLS 添加到所有这些内容后，正确处理 HTTPS 的唯一方法是终结 TCP，解密 TLS，将有效负载传递给 HTTP/2，并让 HTTP/2 解析帧且重构流。

　　这种复杂性在通用处理器的软件中并不难处理，但在专用硬件中实现时可能会遇到挑战。例如，过去曾有过几次在网卡中实现 TCP 的尝试，但成功的案例很少，这种实践称为 TCP 卸载。硬件 TCP 卸载也遭到了软件社区，特别是 Linux 社区的反对。

　　对于专用硬件，在服务器外部实现一个通用的 TCP 终结点来卸载所有 TCP 流的处理并不是特别有吸引力。另处，一个有趣的应用示例是将 TCP 终结点与 TLS 终结点结合使用来检查加密数据流。它可以应用在服务器负载均衡，也可以用于识别属于特定用户或应用的流量，并根据不同服务器的 URL 将不同的 HTTP 请求路由到不同的服务器，以及实现复杂的入侵检测（Intrusion Detection，IDS）等功能。

5.11　安全隧道

　　在第 2 章中，我们提出了多种封装和上层方案来解决寻址问题、二层域传播、多播和广播、多协议支持等，不过这些方案都不涉及数据隐私。事实上，即使数据经过封装，它仍然是以明文传输的，可以被窃听者读取。这种安全性的缺失在数据中心内是可以接受的，但是当传输发生在公网上时，尤其是在互联网上时，将是不可容忍的。

安全隧道的传统方法是增加加密。

5.11.1　IPsec

IPsec 是一种广泛使用的架构，自 1995 年以来一直用于保护 IP 通信[17]。图 5-4 展示了 IPsec 支持的两种封装：传输模式和隧道模式。

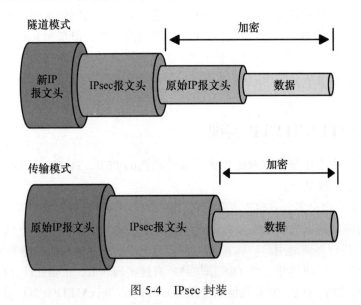

图 5-4　IPsec 封装

IPsec 报文头可能只提供数据身份验证（数据仍然是明文的，但是发送方以加密方式对其签名）或身份验证 + 加密（窃听者无法解密数据）。

在传输模式中，原始 IP 报文头仍然用于在网络中路由，IPsec 报文头只保护数据包的载荷部分。在隧道模式下，整个的原始数据包（包括原始数据包的 IP 报文头）均由 IPsec 报文头保护，这需要添加一个新的 IP 报文头用于在底层网络中进行路由。

在这两种情况下，IP 报文头的协议类型用 51（ESP，用于加密）或 50（AH，仅用于身份验证）标识 IPsec 报文头的存在。在 IP 报文头之后没有 TCP 或 UDP 报文头，由于这个原因，IPsec 不是一个新式的封装方案（参见 2.3.3 节），因为路由器不能使用 TCP/UDP 报文头来均衡多个等价链路之间的 IPsec 流量。这种现象通常用诸如"缺乏叠加层熵"或"缺乏网络熵"来形容，其中"熵"用来衡量信息内容的随机性。

接下来的两种安全隧道方案（TLS 和 DTLS）则更加新颖，并且提供叠加层熵，但

IPsec 仍然是 VPN 领域的活跃参与者。

5.11.2　TLS

TLS[18] 是 SSL 的改进版协议，它是所有现代安全体系结构的重要组成部分。由于使用 SSL 和 TLS 来保护 Web 上的通信流，SSL 和 TLS 得到了广泛应用和大量安装。TLS 用于保护最敏感的数据，它的所有细节都经过了仔细审查，这是加强其实现的一个重要因素。TLS 也是一个在不同实现之间具有高度互操作性的标准协议，它支持所有最新的对称和非对称加密方法。

通常，TLS 的实现是在 TCP 之上，并保护基于 HTTPS 的流量，其封装格式类似于图 5-5 所示。

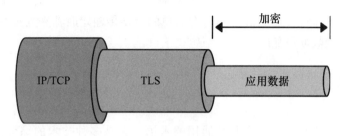

图 5-5　TLS 封装

TLS 的外部封装是 IP/TCP，因此 TLS 提供了网络熵，允许在网络核心基于经典五元组的 TLS 流量进行负载均衡，而这正是 IPsec 所缺少的特性。这同样适用于 DTLS（参见下一节），DTLS 采用 IP/UDP 报文头而非 IP/TCP 报文头。

如果封装的数据是另一个 TCP 包，则 TLS 流量的性能会降低，如 2.3.3 节所述，为了避免这种双重 TCP，理论上可以终结未加密的 TCP 会话，添加 TLS 报文头，重新生成一个新的 TCP 会话，然后反向执行相反的操作。这个操作——也称为"代理"，需要终止两个 TCP 会话，这对于计算能力的消耗很大，并且可能需要大量的缓存。此外，由于 TCP 和 TLS 的数据需要重新组装，因此不能逐包处理。Web 流量负载均衡器通过终结来自互联网上的 HTTPS 会话（使用 TLS 加密）、进行解密并向内部 Web 服务器生成明文 HTTP 会话来支持代理特性。这种方案对 Web 流量很有效，但它并不用于 VPN，DTLS 提供了更好的解决方案。

5.11.3　DTLS

DTLS（Datagram TLS）[19-20] 特别适合于隧道方案，因为它避免了在 TCP 上运行 TCP，并且不需要在隧道端点处终结 TCP。DTLS 不仅允许 TCP 端到端运行，而且当与 VXLAN 结合时，它还支持 VXLAN 内部的所有二层协议，同时提供与 TLS 相同的安全性。DTLS 是逐包的，快速、低时延、低抖动，图 5-6 显示了 DTLS 的封装。

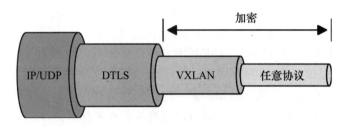

图 5-6　DTLS 封装

发明 DTLS 是因为 TLS 不能直接在 UDP 环境中使用，因为包可能丢失或重新排序，而 TLS 依赖于 TCP，内部没有措施来处理这种不可靠性。为了解决这个问题，DTLS 只对 TLS 做了很小的修改，DTLS 使用一个简单的重新传输定时器来处理数据包丢失，并使用序列号来处理数据包乱序。

5.12　VPN

VPN（虚拟专用网）是一个非常通用的术语，它是多种技术的综合体。一般来说，VPN网络技术可以根据三个主要参数进行分类：

- 使用的封装类型。
- 是否加密。
- 用于创建隧道的控制协议（如果存在的话）。

在 2.3 节中，我们讨论了叠加网络，并介绍了几种封装方案。在本节中，我们将重点讨论 VPN 的安全，因此也将讨论所使用的加密类型。

有一些 VPN 的应用不使用加密，两个例子是 EVPN 和 MPLS VPN⊖。

EVPN（在 2.3.4 节中描述）通常被限制在一个数据中心内⊜，由于需要物理地访问数据中心，而且很难窃听光纤链路，因此认为不太可能被窃听。

MPLS VPN 是电信公司提供虚拟电路连接同一公司不同站点的方法之一，保证传输私密性的任务被委托给了电信公司。由于 MPLS VPN 的成本过高，其受欢迎程度一直在下降，它正逐渐被在互联网上创建虚拟电路的 VPN 所取代（如图 5-7 所示）。

⊖　考虑到应用场景，EVPN 和 MPLS VPN 通常可不结合加密，但也可以通过加密进一步增强安全性。——译者注

⊜　EVPN 也可被应用于数据中心间，或者广域网上。——译者注

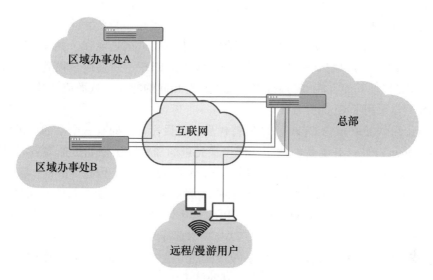

图 5-7　VPN 的例子

在图 5-7 的例子中，加密是必需的，特别是在有 Wi-Fi 的情况下。随着大量的员工要么远程办公，要么在家工作，或者仅仅使用他们的移动设备，加密的 VPN 已经成为强制性的。如果我有 HTTPS，为什么需要加密的 VPN 呢？答案是：保护所有的流量，而不仅仅是 Web。在 HTTPS 的情况下，即使页面被加密，网站的 IP 地址也不会被加密。黑客可以通过在咖啡店的 Wi-Fi 上窃听你的流量来了解你和你的业务。读者如果有疑问，可以阅读 *The Art of Invisibility*[21] 获得一些令人大开眼界的信息。

图 5-7 展示了站点到站点和主机到站点的 VPN。

站点到站点的 VPN 是一种使用互联网将多个办公室互连的便捷方法，目前通常与 SD-WAN 之类的技术结合使用（在 4.2.2 节中进行了描述）。以前，站点到站点的 VPN 使用 IPsec 协议[22]，但现在的趋势是将它们转向 TLS。它们采用与 HTTPS 相同的 TLS 安全体系结构，在这种情况下，会加密用户所有的通信流。通常情况下，站点到站点的 VPN 是数据密集型的，需要从一个站点传输和备份数据到另一个站点，因此它们通常需要使用硬件来对加密进行加速。例如在混合云中，云的不同部分通常使用站点到站点的基于 IP 的 VPN 相互连接。

主机到站点的 VPN 通常采用主机上的软件客户端（通常是笔记本电脑、平板电脑或手机）和网络侧基于硬件的终端（通常采用 VPN 网关的形式）。在这类 VPN 中，OpenVPN[23] 正在成为主导标准，取代了传统的 PPTP 和 L2TP/IPsec 两种方式。

OpenVPN 是一个开源项目，根据 GPL 许可证发布，并有几个不同的商业公司提供相关产品。OpenVPN 使用 TLS 来创建会话，一旦初始化并完成身份验证，会话将用于交换双向密码的随机密钥材料和 HMAC（基于散列的消息身份验证码）密钥，然后使用这些来保护实际隧道。

OpenVPN 可以在存在 NAT 和防火墙的网络中使用，这是能在公共 Wi-Fi 上使用它的一个重要原因。可以将其配置为同时使用 TCP 和 UDP，并且通常设置为在端口 443上使用 TCP，以便其流量能够与 HTTPS 流量具有相同的特征，从而避免被人为地阻断。OpenVPN 大量重用了 OpenSSL 代码。

Wireguard[24] 正在成为 OpenVPN 的替代品，其目标是：拥有一个小的代码库，易于理解，比 OpenVPN 具有更高的性能，使用最先进的加密算法，如更加高效且对移动性更加友好的 ChaCha20 和 Poly1305。Wireguard 有望成为 Linux 内核 5.0 的一部分。Linus Torvalds 写道[25]："我能再一次表达我对它的热爱并希望它能尽快合入吗？也许代码并不完美，但我略读了一下，与 OpenVPN 和 IPsec 的恐怖相比，它简直就是一件艺术品。"

采用加密 VPN 的需求越来越强烈，这与技术选择无关。即使是不需要加密的 EVPN等技术，如果需要扩展到受保护的环境（如数据中心）之外，也可以从加密中受益，混合云中的 EVPN 就是需要进行加密的一个很好的例子。

所有的分布式服务平台都需要支持加密，需要选择两种方案，首选是 IPsec 和 TLS。对于对称和非对称加密，硬件加速是必需的，除了经典的 AES 的 GCM 模式之外，还必须有现代流密码（如 ChaCha/Poly）作为补充。

5.13 安全启动

上述介绍中，DSN 负责实现策略，但是只有在 DSN 可以信任的情况下，才能信任这些策略。要信任 DSN 设备，无论它是位于网卡还是交换机，我们都必须首先确保它自身没有被破坏。对此的标准解决方案称为安全启动（secure boot），它确保设备正在运行可信的固件。此外，如果 DSN 直接连接到主机（例如，通过 PCIe），则必须确保来自主机的访问仅限于某些允许的区域，这种 PCIe 过滤（请参阅 9.1.10 节）也应由安全启动过程进行配置。

一个安全启动系统依赖于两个隐式信任的源：
- 不可变、可信的启动代码来源，例如引导 ROM。
- 不可变的公钥可信根（Root Of Trust Public Key，ROTPK），可以存放在 ROM 中或者制造时编成一次性编程（One-Time-Programmable，OTP）内存。

CPU 从可信 ROM 中启动，它从不可信媒介（如闪存盘）加载新的运行时软件到安全内存中，然后验证软件镜像是否来自可信源。这种验证使用 ROTPK 验证镜像附带的数字签名，如果检查失败，则拒绝该镜像；如果检查通过，则说明该镜像是可信的，可以执行。新镜像以类似的方式继续启动过程，进一步加载新代码并验证其数字签名，直到设备完全启动。

除了加载代码镜像外，安全启动还可以加载公钥证书，这些证书持有可用于进一步
验证对象的子公钥，证书本身则由先前加载的证书或 ROTPK 进行身份验证。

安全启动路径上的每一步都将信任扩展到新认证的对象，同样，每个加载对象的身
份都可以沿着证书序列追溯到 ROTPK。

5.14 总结

在本章中，我们介绍了分布式服务，它们对于提高云服务和企业基础设施的安全性
非常重要。特别是我们讨论了隔离服务（如防火墙和微分段）、隐私服务（如加密）和基
础设施服务（如 PUF、HSM 和安全启动）。我们已经看到加密是与封装结合在一起的，
我们还讨论了 IPsec（第一个广泛实现的加密通道）和 TLS/DTLS（一个更新式的、不断
发展的解决方案）。加密是 VPN 部署的基础，对于今天的移动工作人员和地理分布广泛
的公司来说，这是必不可少的。

下一章将介绍两种最适合直接托管在服务器上的网络服务：存储和 RDMA。

5.15 参考文献

[1] Wired, "The Elite Intel Team Still Fighting Meltdown and Spectre," https://www.wired.com/story/intel-meltdown-spectre-storm/, 01/03/2019.

[2] Keepnet, "2017 Phishing Trends Report," https://www.keepnetlabs.com/phishing-trends-report

[3] Matt De Vincentis, *Micro-Segmentation For Dummies*, 2nd VMware special edition, John Wiley & Sons, Inc, 2017.

[4] Dierks, T. and E. Rescorla, "The Transport Layer Security (TLS) Protocol Version 1.2," RFC 5246, August 2008.

[5] Rescorla, E., "The Transport Layer Security (TLS) Protocol Version 1.3," RFC 8446, DOI 10.17487/RFC8446, August 2018.

[6] "Announcing the ADVANCED ENCRYPTION STANDARD (AES)," Federal Information Processing Standards Publication 197. United States National Institute of Standards and Technology (NIST). November 26, 2001.

[7] Langley, A., Chang, W., Mavrogiannopoulos, N., Strombergson, J., and S. Josefsson, "ChaCha20-Poly1305 Cipher Suites for Transport Layer Security (TLS)," RFC 7905, DOI 10.17487/RFC7905, June 2016.

[8] Whitfield Diffie; Martin Hellman (1976). "New directions in cryptography." IEEE Transactions on Information Theory. 22 (6): 644.

[9] Rivest, R.; Shamir, A.; Adleman, L. (February 1978). "A Method for Obtaining Digital Signatures and Public-Key Cryptosystems" (PDF). Communications of the ACM. 21 (2): 120–126.

[10] Koblitz, N. "Elliptic curve cryptosystems." Mathematics of Computation, 1987, 48 (177): 203–209.

[11] Miller, V. "Use of elliptic curves in cryptography. CRYPTO," 1985, Lecture Notes in Computer Science. 85. pp. 417–426.

[12] "The Case for Elliptic Curve Cryptography." NSA.

[13] "FIPS 140-3 PUB Development." NIST. 2013-04-30.

[14] Tehranipoor, F., Karimian, N., Xiao, K., and J. Chandy , "DRAM based intrinsic physical unclonable functions for system-level security," In Proceedings of the 25th edition on Great Lakes Symposium on VLSI, (pp. 15–20). ACM, 2015.

[15] 40 Intrinsic ID, "White paper: Flexible Key Provisioning with SRAM PUF," 2017, www.intrinsic-id.com

[16] Belshe, M., Peon, R., and M. Thomson, Ed., "Hypertext Transfer Protocol Version 2 (HTTP/2)," RFC 7540, DOI 10.17487/RFC7540, May 2015.

[17] Kent, S. and K. Seo, "Security Architecture for the Internet Protocol," RFC 4301, December 2005.

[18] Rescorla, E., "The Transport Layer Security (TLS) Protocol Version 1.3," RFC 8446, August 2018.

[19] Modadugu, Nagendra and Eric Rescorla. "The Design and Implementation of Datagram TLS." NDSS (2004).

[20] Rescorla, E. and N. Modadugu, "Datagram Transport Layer Security Version 1.2," RFC 6347, January 2012.

[21] Mitnick, Kevin and Mikko Hypponen, *The Art of Invisibility: The World's Most Famous Hacker Teaches You How to Be Safe in the Age of Big Brother and Big Data,* Little, Brown, and Company.

[22] Kent, S. and K. Seo, "Security Architecture for the Internet Protocol," RFC 4301, DOI 10.17487/RFC4301, December 2005.

[23] OpenVPN, https://openvpn.net

[24] Wireguard: Fast, Modern, Secure VPN Tunnel, https://www.wireguard.com

[25] Linus Torvalds, "Re: [GIT] Networking," 2 Aug 2018, https://lkml.org/lkml/2018/8/2/663

第 6 章　　　Chapter 6

分布式存储和 RDMA 服务

　　前几章讨论了分布式应用服务，这些分布式应用服务几乎可以部署在网络的任意位置。本章将聚焦于访问服务器内存的基础架构服务，这些服务通常是通过 PCIe 接口来实现的。

　　传统的数据中心组网中，典型的应用服务主要包括 3 种类型的通信接口，每个通信接口都连接到一个专用的基础设施网络（如图 6-1 所示）：

- 网卡：连接服务器到局域网和外网；
- 存储接口：可连接到本地磁盘或专用存储区域网络（Storage Area Network，SAN）；
- 集群接口：在分布式应用环境中，集群接口为跨服务器高性能通信的接口。

　　在过去 20 年里，这些基础设施服务的通信底层架构大都是一体的，这种融合来自大幅降低成本的需求。超大规模的云化部署显著加速了这种融合趋势。现在，IP 网络、分布式存储和 RDMA 集群都能够承载在以太网上，如图 6-2 所示。

　　尽管进行了物理网络整合，但是这里所讨论的 3 种基础设施服务仍然通过不同的软件接口单独声明在主机的操作系统中[⊖]，如图 6-3 所示。在所有的情况下，这些接口都依赖于 I/O 适配器的直接内存访问（Direct Memory Access，DMA），最典型的是通过 PCIe 接口。

　　⊖　RDMA 是一种内核旁路技术，并不需要操作系统过多的参与。——译者注

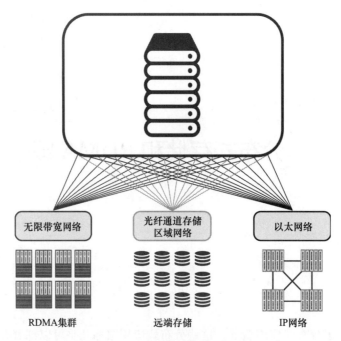

图 6-1　连接到专用网络的主机

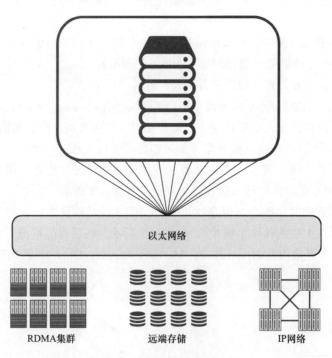

图 6-2　使用统一网络的主机

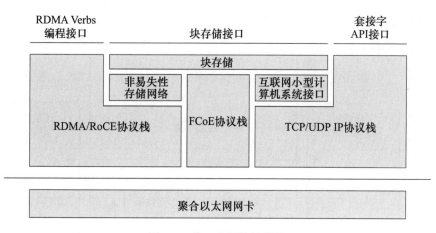

图 6-3　统一的网络协议栈

6.1　RDMA 和 RoCE

计算机集群从 20 世纪 80 年代到现在已经有几十年的发展历史了，Digital Equipment Corporation[1]、Tandem Computers[2]、康柏、Sun、惠普和 IBM 等公司都有成功的商用产品。

在当今世界上，单颗 CPU 已经无法再以摩尔定律的速度发展，因此，为满足计算密集型应用日益增长的需求，扩大规模成为最可行的方式。随着服务上云的趋势，人们开始大规模地部署标准服务器。不管是在企业内部的部署还是在公有云的部署，商业服务器集群已经成为现代数据中心的标准。

与 CPU 的发展不同的是，通信技术继续以稳定的速度发展，于是集群规模得以越来越大，性能得以越来越好。随着网络速度越来越快，I/O 软件接口也要更加高效才能解决高性能分布式应用的通信瓶颈。在这种情况下，业界定义了虚拟接口结构（Virtual Interface Architecture，VIA），通过消除主机处理的软件开销来提高通信性能 [3]。VIA 的目标为高带宽、低时延和低 CPU 占用。

这些想法在 1999 年被两个最初相互竞争的行业团体所采纳：NGIO 和 FutureIO。英特尔和 Sun 微系统在 NGIO 阵营中，而 IBM、惠普和康柏则领导着 FutureIO。这两个团体联手成立了无限带宽贸易协会（InfiniBand Trade Association，IBTA），并在 2000 年提出了第一个（InfiniBand）RDMA 规范 [4-5]，该规范的提出标志着两个团体在新 I/O 标准竞争的终结。

InfiniBand 远程直接内存访问（Remote Direct Memory Access，RDMA）最初被设想为一个垂直集成的协议栈（如图 6-4 所示），覆盖了交换机、路由器和网络适配器，包括从物理层到软件层以及管理接口。

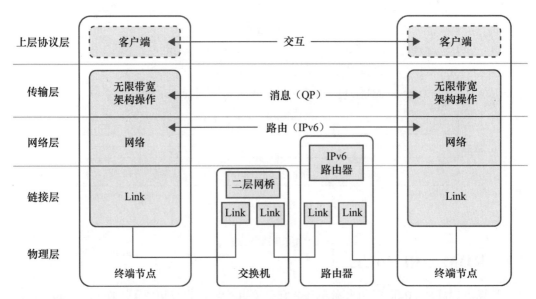

图 6-4　无限带宽协议栈和网络图解

RDMA 的价值优势主要来自以下 4 个特点：

- **内核旁路**：一种可以通过用户空间进程安全、直接地访问 I/O 服务的机制，而不需要经过系统内核，如图 6-5 所示。它消除了大量的时延成分，降低了 CPU 的占用。
- **零拷贝**：这是一种 I/O 设备直接读取和写入用户空间内存缓冲区的能力，从而消除了操作系统软件协议栈都存在的 I/O 数据多重拷贝问题⊖，如图 6-6 所示。
- **协议卸载**：报文分片与重组、传输保证、访问权限控制以及可靠传输的所有方面都被卸载到网卡上，避免了网络协议处理消耗 CPU 资源，如图 6-7 所示。
- **单边操作**：RDMA 读、写和原子操作在没有接收端主机 CPU 干预的情况下执行，其明显的好处是不在目标系统上花费宝贵的计算周期，如图 6-8 所示。这种异步处理方式显著提高了消息速率，大幅降低了消息抖动，因为这种处理方式将 I/O 操作与接收方 I/O 的软件调度解耦。

⊖　网卡内存搬移到内核空间，内核空间搬移到用户空间，多次拷贝将带来巨大的性能损耗。——译者注

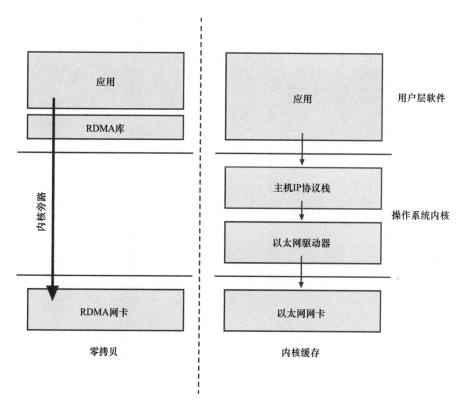

图 6-5　内核网络协议栈与协议栈旁路的 I/O 成本对比

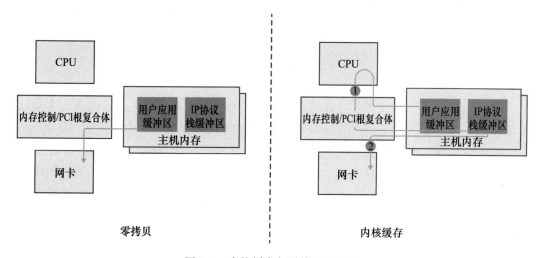

图 6-6　内核缓存与零拷贝的对比

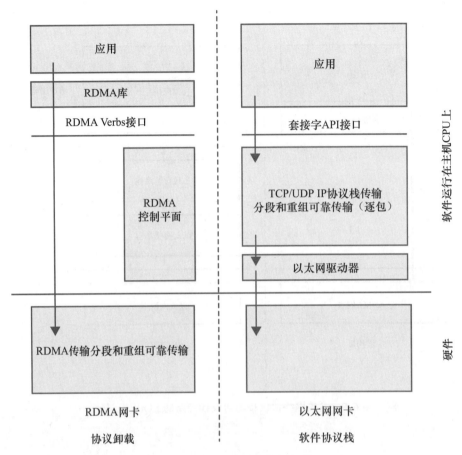

图 6-7　软件协议栈与协议卸载

6.1.1　RDMA 架构概述

　　用 RDMA 这个术语来表示基础设施服务，有点用词不当。所谓的 RDMA 服务包括实际的 RDMA（远程直接内存访问）操作和传统的 SEND/RECEIVE 消息语义。最根本的是，RDMA 服务实现了一种与传统 TCP/IP 网络截然不同的 I/O 模式。

　　RDMA 模型的核心是队列对（Queue Pair，QP）的概念。消费者应用通过这些接口对象提交 I/O 请求。一个 QP 包括一个发送队列（Send Queue，SQ）和一个接收队列（Receive Queue，RQ），其工作方式有点类似于传统以太网接口上的发送和接收环的模式。根本的区别在于，每个 RDMA 流都在专用的 QP 队列之上执行，这些 QP 队列可以直接从各自的消费进程中访问，在数据路径上不需要任何内核驱动的干预。

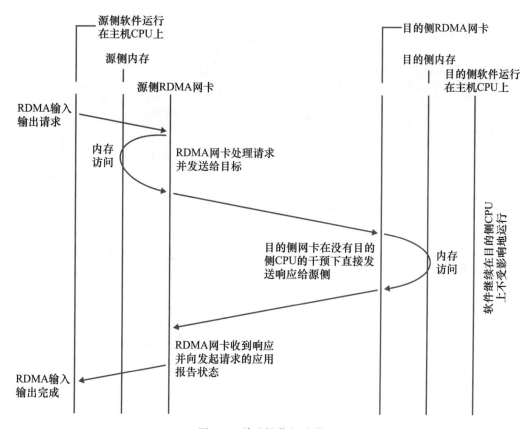

图 6-8　单边操作的阶梯图

　　RDMA 操作，通常称为工作请求（Work Request，WR），发布到 SQ 和 RQ 中，并由 RDMA 生产者（即 RDMA 网卡）异步提供服务。执行完成后生产者通过完成队列（Completion Queue，CQ）通知消费者进程，如图 6-9 所示。消费者进程可能有一个或多个 CQ，可以灵活地与其 QP 关联。

　　RDMA 协议通过将常规的主机虚拟内存和 I/O 空间映射到每个进程自己的空间，保证了多个用户的 QP 访问保护。通过这种方式，用户进程可以单独访问各自的 RDMA 资源。通常情况下，每个进程在 RDMA 网卡的 I/O 地址空间中分配一个专用页，该页被映射到进程的虚拟内存。然后，进程可以使用常规的用户空间内存访问这些映射的地址，并直接与 RDMA 网卡进行交互。网卡可以验证相应的 RDMA 资源使用的合法性，并执行 I/O 请求，而无须操作系统内核的介入。

　　直接访问模型和单个 RDMA 流接口（即 QP）对网卡可见的必然结果是细粒度 QoS 成为 RDMA 的一个自然特征。最典型的情况是，RDMA 网卡实现了一个调度器程序，该调度器按照复杂的可编程策略，从那些存有未完成 WR 的 QP 中选择挂起的作业。

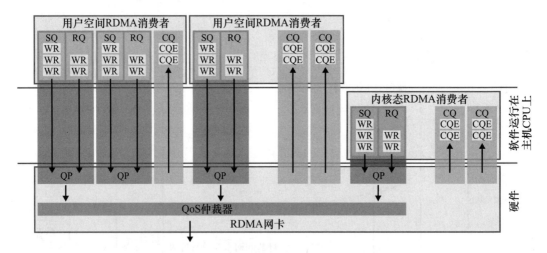

图 6-9 QP、WR、CQ 和调度器 /QoS 仲裁器

注：CQE 为完成队列实体

RDMA 协议定义了一个内存注册（memory registration）机制，允许对用户进程缓冲区进行直接 I/O 访问。该机制将用户内存范围作为 RDMA 操作的源或目标，将其映射到物理内存中。除了映射之外，在内存注册期间，RDMA 协议会用注册缓冲区的物理地址更新其内存映射表，并将内存键值返回给 RDMA 消费者进程。注册后，消费者进程可以在提交的 WR 中引用这些内存区域，RDMA 网卡可以在执行过程中直接访问这些缓冲区（即实现了零拷贝）。

6.1.2 RDMA 传输服务

RDMA 协议标准最初定义了两种面向连接的传输服务，即可靠连接（Reliable Connected，RC）和不可靠连接（Unreliable Connected，UC），以及两种数据报服务，即可靠数据报（Reliable Datagram，RD）和不可靠数据报（Unreliable Datagram，UD），如图 6-10 所示，其中最常用的是 RC 和 UD，UC 很少使用，RD 从未实现。

就可靠性和连接特性而言，RC 可以看作 TCP 的逻辑等价物。这种传输服务充分体现了 RDMA 的价值优势，因此大部分

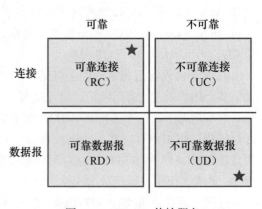

图 6-10 RDMA 传输服务

RDMA 消费者应用都使用这种传输服务。UD 的传输服务类似于 UDP，RDMA 消费者主要使用 UD 用于管理和控制操作。

随着时间的推移，规范中加入了新的 XRC 传输服务。XRC 是 RC 的一种变体，主要用于减少每个节点中多进程场景下的连接数量。

6.1.3　RDMA 操作

RDMA 协议包括发送 / 接收语义、RDMA 读 / 写和原子操作。

尽管发送 / 接收在语义上与传统的网络对等通信方式相似，但 RDMA 版本利用了 RDMA 协议的内核旁路、零拷贝和可靠的传输协议卸载。通过这种方式，消费者应用可以实现低时延、高带宽和低 CPU 占用，而无须对通信模式进行重大修改。

远程直接内存访问操作，即 RDMA 读和 RDMA 写，这两种操作是以协议命名的。这些操作与发送 / 接收的主要区别在于执行时的单边性。目的端 CPU 不需要干预就能完成 RDMA 的远程访问。消费者应用可以异步读写远程节点的内存，但需要经过严格的访问权限检查。通过 RDMA 读和写操作来显式使用 RDMA 协议编码的应用服务可以充分体现出 RDMA 的价值优势。

RDMA 原子操作允许单边的原子远程内存访问。InfiniBand RDMA 标准定义了 64 位的 CompareAndSwap 和 FetchAndAdd 操作，但随着时间的推移，厂商们已经支持扩展到更长的数据字段和其他变体，例如支持操作的功能隐藏版本。其中，RDMA 原子操作广泛应用于分布式锁应用和集群数据库系统。

6.1.4　RDMA 的可扩展性

InfiniBand RDMA 架构遵循非常严格的协议分层，而且在设计时考虑了硬件实现。但是，并非所有的 RDMA 实现都是相同的，一个挑战是如何大规模部署 RDMA 服务。RDMA 模型的卸载特性要求每个 RDMA 流的上下文结构都有相当大的规模。一般 RDMA 流越多，RDMA 网卡需要维护的状态就越多。消费者应用程序需要数万乃至数十万的 RDMA 流，有些甚至达到数百万的量级。一种可能的方法是在 RDMA 网卡本身缓存上下文结构，同时在主机内存中维护完整的状态表。当 RDMA 流的使用存在显著的局部特性时，这种类型的解决方案可以提供足够的性能。然而，对于一些部署场景，上下文缓存替换可能会引入显著的性能抖动。考虑到这些用例，高规格的 RDMA 网卡已经设计了板载专用上下文内存，可以适应整个 RDMA 协议状态的存储。

6.1.5　RoCE

InfiniBand 在高性能集群领域占据了主导地位，除了 RDMA 模型的软件接口优势之外，还要归功于其专用的 L1 和 L2 的性能优势，在初期就比更成熟的以太网快[⊖]。不过，随着 10 Gbps 和 40 Gbps 以太网的普及，显然可以通过无处不在的以太网获得 RDMA 的同等优势。iWARP 和 RoCE 这两个标准的出现就是为了解决这个问题。其中，IBTA 定义了 RoCE，只是将 Infiniband 垂直协议栈的下两层替换为以太网的协议栈 [7]。

第一个版本的 RoCE 没有 IP 层，因此不是可路由的。这几乎是在 FCoE 被定义为基于二层的扁平化网络时发生的。很明显可路由的 RoCE 最终是需要的，所以该规范进一步发展为 RoCEv2，定义了在 UDP/IP 之上的 RDMA 封装 [8]。除了使 RoCE 可路由化，RoCEv2 还利用了 IP 协议的所有优点，包括 QoS 标记（DSCP）和显式拥塞控制（ECN）。

协议架构如图 6-11 所示。左边的第一列代表 InfiniBand RDMA 的经典实现，中间列是 RoCEv1（没有 IP 报文头，直接通过以太网），第三列是 RoCEv2，其中 InfiniBand 传输层被封装在 IP/UDP 中。

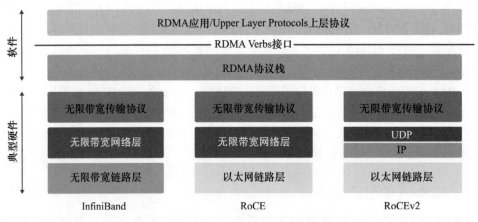

图 6-11　RDMA 在以太网协议栈的演变

6.1.6　RoCE 和 iWARP

iWARP 和 RoCE 在功能上相似，但在提供的 RDMA 服务方面并不完全相同。这两种协议之间存在一些语义上的差异，RoCE 的一些功能特性也是 iWARP 规范中没有涉及的。实际上，iWARP 并没有在市场上获得广泛的应用，部分原因是 RoCE 规范更适合高效的硬件实现。图 6-12 说明了两者之间的协议栈差异。

6.1.7　RDMA 部署

RDMA 最初被部署在高性能计算（High Performance Computing，HPC）领域，在

⊖ L1 物理层，早期 IB 的接口速率高于以太网的接口速率；L2 链路层，IB 具备的链路层流控机制能够保证不丢包，这是传统的以太网做不到的，而这恰恰对于高性能计算来说非常关键。——译者注

该领域，超低时延和高带宽的要求占主导地位。RDMA 成本和性能优势非常大，以至于
InfiniBand 在短短几年内就颠覆了成熟的 HPC 专有网络，成为顶级 HPC 集群的实际标准，如图 6-13 所示。InfiniBand 在 HPC 领域的广泛采用，推动了高端 RDMA 的发展，使其成为一种更成熟的技术 [9]。

　　嵌入式平台也是 RDMA 技术的早期使用者之一。这方面的例子包括存储设备中的数据复制、媒体分发等。RDMA 具有无可比拟的性能和开放的标准，并且具有面向未来的清晰路线图，这使得该解决方案对传统上以长期投资技术为目标的市场非常具有吸引力。

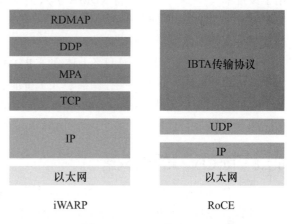

图 6-12　RoCE 和 iWARP

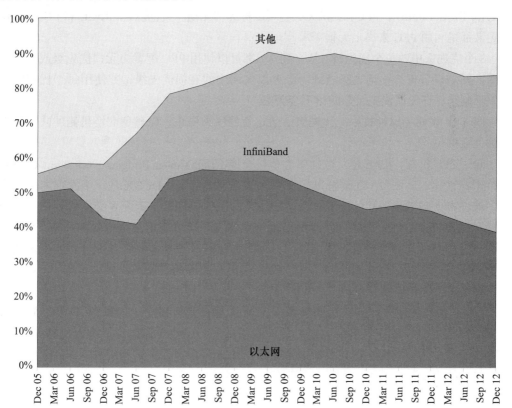

图 6-13　InfiniBand 和以太网份额（数据来源：top500.org）

RDMA 发展过程中的另一个重要里程碑是在 Oracle 旗舰级集群数据库的核心部分采用了该技术 [10]。这一案例对将 RDMA 引入企业网络起到至关重要的作用。

另一个 RDMA 早期的应用浪潮出现在金融市场，InfiniBand 的超低时延特性在市场数据交付系统中体现了显著优势。

目前，RoCEv2 在以太网网络上体现了 RDMA 的价值优势，应用范围涵盖远程存储协议、数据库集群、非易失性存储器、人工智能、科学计算等领域。

Mellanox 技术公司是 InfiniBand 技术最重要的贡献者之一，图 9-6 显示的是 Mellanox ConnectX-5 双端口适配器，通过两个 100 Gbps 的以太网端口支持 RoCEv2。

6.1.8　RoCEv2 和有损网络

由于传输协议的简单性，RDMA 的性能对丢包相当敏感。与 FCoE 类似，RDMA 协议的设计以底层无损网络为前提。当 RDMA 在无限带宽网络上运行时，网络确实是无损的，当 RoCE 被定义时，IEEE 802.1 对一套通常被称为数据中心桥接（Data Center Bridging，DCB）的以太网规范进行标准化，其中包括通过基于优先级的流量控制（Per-Priority Flow Control，PFC）提供无丢包（也称为"无损"）优先级。RoCE 和 FCoE 最初的定义都是利用 PFC 来满足无损需求 [11]。

8 个优先级中的每个优先级（从 0 到 7）都可以使用 PFC 配置为无损优先级或有损优先级。网络设备将有损优先级处理为经典以太网中的有损优先级，并使用每个优先级的暂停机制来保证无损优先级上的帧不会丢失。

图 6-14 说明了这种技术。优先级 2 通过暂停帧来停止，以避免交换机侧的队列溢出而丢失数据包。

除了 PFC 机制，IEEE 还对数据中心桥接交换（Data Center Bridging eXchange，DCBX）进行了标准化，试图使 I/O 整合以便在更大的规模上部署。DCBX 是一个发现和配置协议，保证以太网链路两端的配置一致。DCBX 的工作原理是正确配置交换机到交换机的链路和交换机到主机的链路，以避免出现配置错误，这可能是很难排除的故障。DCBX 具有发现链路两端的两个对等体的能力，还可以进行一致性检查，在配置不匹配的情况下通知设备管理器，并在两个对等体中的一个没有配置的情况下提供基本配置。DCBX 可以被配置为向相应的管理站发送冲突告警。

虽然这些 DCB 技术可以适当地部署，而且没有任何概念上的缺陷，但 IT 界一直以来都有很大的顾虑，这妨碍了 PFC 的大规模部署。一些实践得到了令人遗憾的结果，PFC 本身也缺乏一致性检查和故障排除工具，另外 PFC 存在距离和跳数方面的限制也助长了批评的言论。

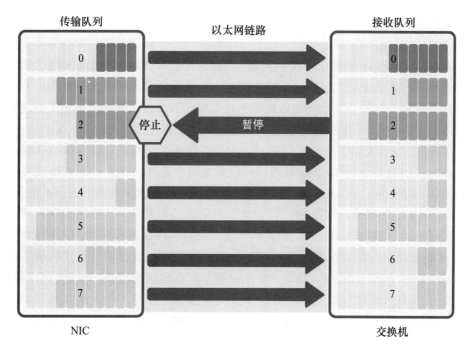

图 6-14　优先级流控

　　如上所述，很明显 PFC 并没有得到很好的普及，因此 FCoE 和 RoCEv2 需要一个替代性的解决方案。换句话说，RDMA 和远程以太网存储要想获得广泛的应用，就要适应非无损网络。存储的真正解决方案来自 NVMe 和 NVMe-oF（NVMe over Fabrics），它们运行在 RDMA 或 TCP 之上，并利用各自的传输协议特性，如 6.2.2 节所述。RoCEv2 已经实现了对协议的修改，如下节所述。

　　想要正确理解问题的范围，关键是要明确有损网络（lossy network）的定义。简而言之，在现代以太网网络中，有两个主要的丢包原因：

　　第一种数据包丢失实际上是由自然力（例如 α 粒子）产生的，当数据包被传输或者存储在网络设备中时，这种自然力每隔一段时间就会引起数据包的位翻转。这种数据损坏会被 CRC 检测到，从而导致数据包被丢弃。在现代的数据中心和企业网络中，这种事件发生的概率非常低。在所谓的无损网络中，这种数据包丢失确实会发生，但考虑到发生概率很低，而且通常只影响一个数据包，简单的重传方案就可以有效地克服这种情况。

　　第二种丢包是由于拥塞造成的。当网络设备的输出接口出现拥塞，并且这种拥塞一直持续到缓冲区填满时，设备将别无选择，只能开始丢包。这种由拥塞引起的丢包现象要严重得多，是导致性能大幅下降的实际原因。如前文所述，在"无损"网络中，这个问题可以通过链路层的流量控制来解决，流量控制可以有效地阻止数据包到达设备，除非有足够的缓冲空间来存储这些数据包。

在不使用任何链路层流量控制的情况下，解决第二个问题的策略围绕着两个互补的方法。第一，通过使用拥塞管理减少争用。利用这种技术，在缓冲区堆积时，闭环方案就在源端控制注入流量的大小，从而减少拥塞，将丢包的情况降到最低。在拥塞降到最小的情况下，第二种技术侧重于有效地重新传输剩余的少量丢弃的数据包。拥塞管理无法避免数据包的丢失，但的确使数据包的丢失量减少了。

具体来说，在 RoCEv2 中部署了数据中心量化拥塞通知（Data Center Quantized Congestion Notification，DCQCN）[12] 的拥塞管理，可以最大限度地减少丢包，并被证明可以极大地提高整体网络性能。DCQCN 的组件如图 6-15 所示。DCQCN 依赖于交换机使用 IP 报文头中的 ECN 位进行显式拥塞标记 [13]。交换机通过监控其队列大小来检测拥塞。当队列大小超过一个可编程的阈值时，交换机开始对数据包进行概率标记，表明这些数据包正在经过拥塞点。接收到这些标记的数据包后，目的节点通过使用显式拥塞通知数据包（Congestion Notification Packet，CNP）向源节点反映这些信息。源端接收到的 CNP 会触发使用具有可配置参数的指定算法来降低相应流量的注入率。事实证明，如何调整 DCQCN 的阈值和参数以获得各种流量下的良好拥塞管理性能，在一定程度上具有挑战性。

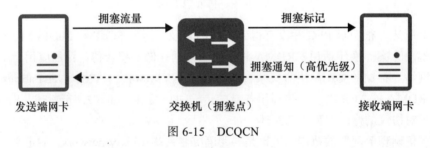

图 6-15　DCQCN

正在开发的一种较新的方法利用了一种不同的拥塞信令方案，该方案基于测量终端节点的时延，并通过检测时延变化或尖峰，对队列堆积做出反应，如图 6-16 所示。这种新方案比 DCQCN 的响应时间更快，并且不需要对交换机中的队列阈值或其他参数进行调整。这种机制完全在终端节点上实现，不依赖交换机。

拥塞管理可以通过最大限度地减少拥塞引起的数据包丢失，显著提高 RDMA 在有损网络中的性能。然而，在实际应用中，无论拥塞管理方案有多好，都不可能保证在所有可能的条件下绝对不丢包（控制不丢包实际上是极低效的）。拥塞管理的反应时间从检测到拥塞的那一刻起，一直延伸到源端降低注入速率的时间点，直到降低速率的数据流回到拥塞点。在这期间，数据包继续以较高的速率累积，有可能出现缓冲区溢出，数据包被丢弃的情况。这种时延反应特性是闭环控制系统的典型特征。拥塞管理算法可以调整为更激进的注入速率变化，诱发更快的反应，以减轻控制环路时延的影响。但是，过于激进的方案一般会造成可用带宽的长期利用率不足。本质上，在一些数据包丢包的可能性与所有可用带宽的利用率之间存在着一个权衡，一般来说，最好是以最小（但非零）的丢包率为调整目标。

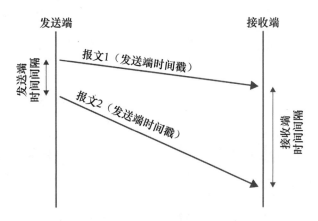

发送端的时间间隔小于接收端的时间间隔将导致拥塞的增加

图 6-16　单向延时

即使有了非常有效和充分的拥塞管理，有些数据包也可能被丢弃。这时，通信协议的工作就是处理恢复。目前，在 RoCEv2 标准中定义的 RDMA 协议的传输层，利用一种非常简单的方法来完成这个任务。当检测到一个丢失的数据包时，接收端会向发送端发送一个 NAK 码回传给发送端，表明丢失的数据包的序列号。发送端回滚其状态，并从该序列号开始重新发送后续报文。这种"回到 N"的方法是在假设底层无损网络结构的情况下设想的，在拥塞引起的丢包情况下，这种方法并不理想。

为了解决这个限制，现代 RoCEv2 的实现引入了一种选择性重传方案，这种方案在从损失中恢复方面要好得多，如图 6-17 所示。其主要目的是只重发丢失的数据包，恢复速度更快，以节约网络带宽。

选择性重传已经在 TCP 中实现了很长时间。从源端重发单个数据包是非常简单的。RDMA 网络中的挑战主要在接收端，这与 RDMA 协议对入栈数据包要求有序处理有关。例如，一个多包的 RDMA 写报文在第一个数据包中只携带目的地址。如果这个数据包丢失了，后续的数据包就不能被存放到预定的内存目的地。有人尝试过修改报文语义以允许对入栈数据包进行无序处理，但是这样的方法会对现有的 RDMA 协议语义产生重大的影响，消费者应用会感受到这种影响。一种更加友好的方法（如图 6-18 所示）完全保留了现有的语义，并借助暂存缓冲区来实现，该缓冲区用于临时存储后续的数据包，直到丢失的数据包重传到达后。支持高效卡上内存的 RDMA 网卡架构特别适合这种类型的解决方案。

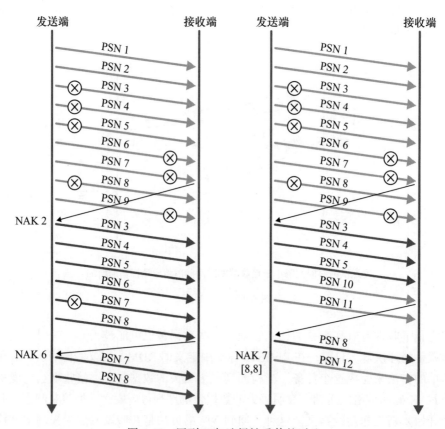

图 6-17　回到 N 与选择性重传的对比

如前所述，RDMA 传输协议检测目标处丢失的数据包，并利用显式 NAK 来触发立即重传。在选择性重传的情况下一般都是有效的，除了丢失的数据包是报文中最后一个（也称为尾部丢包）的情况，因为没有后续的数据包来检测丢失并触发 NAK。对于这种情况，传输协议依赖于发送端的超时，当存在比预期长得多的未确认的数据包时，该超时将启动。但是，为了防止由于时延变化而造成不必要的重传，这个超时时间被设置为比典型的网络往返时间高得多的值。这样做的效果是，尾部丢包时消息的完成时间会受到严重的影响。一些 RDMA 实现在活动流上没有收到进一步的数据包时，从目标发送一个主动 ACK 回源，以改善尾部丢包时的恢复时间，如图 6-19 所示。接收端处于更好的位置能够及时检测到潜在的尾部丢包现象。

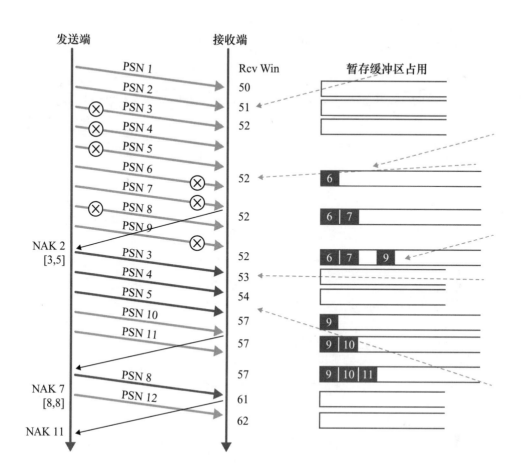

图 6-18 选择性重传的分阶段缓存成本

6.1.9 RDMA 的持续演进

正如技术发展的通常情况一样，RDMA 的部署经验促使协议进一步演进。在这种情况下，供应商的创新决定了演进速度。一些新的扩展能力一旦被市场采用，就会成为 IBTA 标准化的候选者，而 IBTA 已经活跃了 20 多年。下面将讨论近期的活动领域。

控制平面加速

我们对 RDMA 协议中的主流数据平面进行了大量的优化和调优，以获得最大性能。同时，控制平面被认为是一些实际应用的限制因素。特别是对于 RDMA 常见的每流一个连接模型，连接设置成本会成为一种负担。这对于大规模部署或具有非常动态连接特性的应用更为严重。一直以来 RoCE 的另一个问题是内存注册的成本。该操作涉及与操作系统的强制交互，通常需要对 RDMA 网卡状态进行仔细的同步。一些新的 RDMA 实现对这些操作进行了优化，并出现了接近数据平面性能的内存注册和连接设置版本。

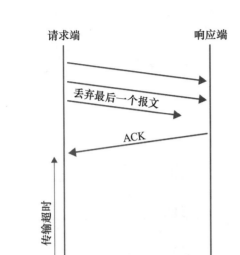
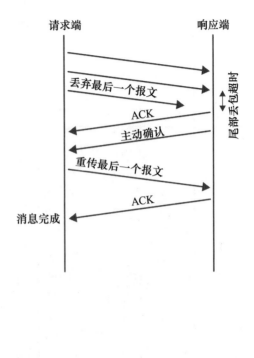

图 6-19　尾部丢包恢复

支持远程非易失性存储器访问

近年来，新的非易失性存储器（Non-Volatile Memory，NVM）技术的大量涌现，为一系列新的应用带来了机会，也改变了许多其他的应用模式。具有加载和存储访问语义的非易失性双列直插式内存模块（Non-Volatile Dual In-line Memory Module，NVDIMM）正在采用新的存储层形式。SNIA 一直致力于为这些新技术定义编程模型[14]，而 IBTA 正在扩展 RDMA 协议，明确支持全网显式非易失性存储器访问的特性。具体来说，新的 RDMA 操作将允许远程 NVM 提交，一旦在源端完成，它将实际上保证数据已经安全地传递到目标端的持久化域，同时保持对 RDMA 模型至关重要的单边操作。

数据安全

在数据安全方面，RDMA 协议涵盖了终端节点的进程间保护和内存访问检查的所有方面。但是，就传输中的数据而言，该标准并没有定义数据加密或加密认证的方案。由于它是一个运行在 UDP/IP 上的分层协议，因此有几种方法可以实现加密的 RDMA，如 IPSec 或 DTLS。使用领域专用硬件的现代 RDMA 实现对这种任务特别高效，可以实现 100 GE 链路的线速加密 / 解密。

6.2 存储

小型计算机系统接口协议（Small Computer System Interface，SCSI）于 1986 年推出，一经推出便成为服务器的主流存储协议。SCSI 提供了从并行到串行的多种物理层，不过大多局限于很短的传输距离。

对更远距离的传输需求和分散存储的出现，促使了光纤通道（Fibre Channel，FC）的出现[15]，这是一个通过交换结构传输 SCSI 的专用存储网络，并连接到为许多客户提供存储服务的专用设备。

后来，网络整合的趋势促使人们进一步定义了在非专用网络上携带 SCSI 的远程存储解决方案。iSCSI[16] 和 FCoE[17] 是在以太网上融合存储与网络的技术，而 SRP[18] 和 iSER[19] 则是为了在 RDMA 上传输 SCSI，如图 6-20 所示。这些技术的目标都是为了消除对专用存储网络（例如光纤通道）的要求。此外，存储整合通过"超融合基础设施"（Hyper-Converged Infrastructure，HCI）和"超融合存储"进一步重新定义，打乱了存储格局。这些通常是由顶级云供应商定义和实施的专有解决方案[20]。

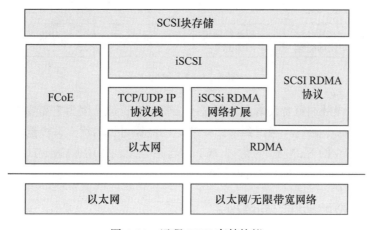

图 6-20 远程 SCSI 存储协议

6.2.1 固态硬盘的出现

自 2010 年以来，固态硬盘（Solid State Drive，SSD）开始变得经济可行。与转盘式硬盘相比，固态硬盘提供了卓越的性能。为了充分利用固态硬盘的能力，一种名为非易失性存储器标准（Non-Volatile Memory express，NVMe）的新标准应运而生，成为更现代化的 SCSI 替代产品。

NVMe[21] 是一种开放的逻辑设备接口规范，通过 PCIe 连接并访问非易失性存储设备。NVMe 的设计充分利用了基于闪存的存储设备的低时延和高内部并行性。因此，NVMe 减少了 I/O 开销，并带来了与之前的逻辑设备接口相比的各种性能改进，包括多个长命令队列和时延减少⊖。NVMe 可以用于 SSD，也可以用于 3D Xpoint[22] 和 NVDIMMs[23] 等新技术。

6.2.2　NVMe-oF

NVMe 与 SCSI 一样也定义了远程存储标准[24]。NVMe-oF（NVMe over Fabrics）定义了 NVMe 的扩展，允许通过 RDMA 和光纤通道进行远程存储访问。最近，NVMe/TCP⊖也被加入 NVMe-oF 标准之中（如图 6-21 所示）。

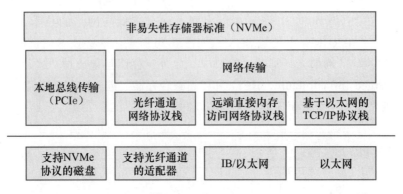

图 6-21　NVMe-oF

NVMe-oF 的光纤通道特性看起来似乎不会特别有价值，因为它需要维护一个独立的 FC 网络或在 FCoE 上运行。考虑到前面章节中已经探讨过的优点，性能最高的解决方案似乎是基于 RDMA 的 NVMe。考虑到 TCP 的普遍性以及使用 NVMe/TCP 对数据中心网络影响最小，NVMe/TCP 方法将可能获得广泛的认可。

6.2.3　存储协议的数据平面模型

远程存储已经有几十年的发展历史。仔细研究一下，大多数远程存储协议的数据平面有一个共同的模式。I/O 操作从存储客户端的请求开始，通常以网络报文有效载荷的形式传递给远程存储服务器。存储服务器通常在队列中管理未完成的 I/O 请求，并从中调度执行。执行操作包括客户端和服务器之间的数据传输以及对存储设备的访问。对于 I/O 读取（即从存储中读取），服务器将从存储设备中读取数据，然后通过网络将数据传送到客户端的缓冲区中，该缓冲区是在请求 I/O 操作时特别预留的。对于 I/O 写入操

⊖　最大队列数量可以为 64 K，即 65 535 个命令队列和 1 个管理队列，而每个队列的深度可以高达 64 K。——译者注

⊖　NVMe/TCP 即 NVMe over TCP，基于 TCP 的 NVMe。——译者注

作，服务器将通过网络访问客户端缓冲区来获取数据，并在数据到达时存入存储设备中
（拉取模型），如图 6-22 所示。I/O 操作完成以后，服务器通常会通过网络将完成状态以
消息的有效载荷的形式向客户端传递。

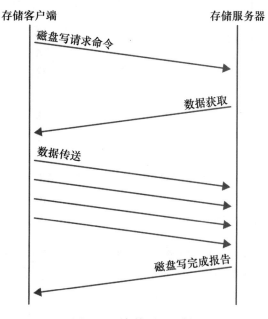

图 6-22　存储写入示例

　　一些远程存储协议还包括一种 I/O 写入的特性，在这种情况下，数据会随着 I/O 请求
直接推送到服务器上，如图 6-23 所示。这种优化的好处是节省了数据传递的往返时间。
然而，这种方案对存储服务器提出了挑战，因为需要为实际传入的数据提供队列，因此
这种推送模式只允许用于短 I/O 写入。

　　RDMA 操作用于数据访问和 I/O 请求时具有明显的优势。使用 RDMA 时，客户
端 CPU 不需要参与数据的实际传递。服务器异步执行存储请求，请求完成后将状态反
馈给客户端。这种优势促使了基于 RDMA 通过 SCSI 传输的远程存储协议的开发。最
初，SCSI RDMA 协议（SCSI RDMA Protocol，SRP）[18] 先被定义出来，之后又有 IETF
标准化的 iSCSI RDMA 扩展协议（iSCSI Extensions for RDMA，iSER）[19]，iSER 通过
用 RDMA 取代底层的 TCP 来保留 iSCSI 模型。最后，鉴于 RDMA 技术目前的发展趋势
和成熟度，NVMe-oF 被定义为在 RDMA 网络上利用 NVMe 模型传输数据。与 SRP 或
iSER 相比，NVMe-oF 似乎有望获得更广泛的应用。

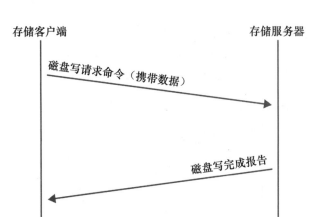

图 6-23　推送模式

6.2.4　远程存储遇上虚拟化

规模产生的经济性促使大型计算集群运营商开始关注服务解耦。在所有服务组件中，存储可能是最自然的分解候选者，这主要是因为存储设备访问的平均时延可以容忍经过网络传输。即使新流行的 SSD 设备大幅降低了这些时延，但网络传输性能也在同步提升。随着大规模云的日益普及，整合存储资源和降低成本变得愈发重要，从光纤通道协议开始的分散存储技术也进入快速发展时期。

远程存储有时会以如图 6-24 所示的方式显式地呈现给客户端。因为主机需要处理远程存储的相关内容（如远程访问权限，挂在特定远程卷等），所以必须部署新的存储管理实体来为主机提供新的存储服务方式。

在某些情况下，特别是在虚拟化环境中，将存储的远程特性暴露给客户端可能会带来一些挑战，因为租户管理着客户操作系统，而客户操作系统假设本地磁盘是存在的。解决这个问题的标准方案是由 Hypervisor 将远程存储虚拟化，并仿真成本地磁盘向虚拟机提供，如图 6-25 所示。这种仿真从客户操作系统的角度抽象出了范式的变化。

然而，基于 Hypervisor 虚拟层的存储虚拟化并不是所有情况下都是合适的解决方案。例如在裸机环境中，用户控制的操作系统镜像在实际物理机上运行，没有 Hypervisor 虚拟层来创建仿真。对于这种情况，硬件仿真模型的方法越来越常见，如图 6-26 所示。这种方法向物理服务器展示了一个本地磁盘的假象。然后，仿真系统使用标准的或专有的远程存储协议在网络上进行虚拟化访问。一种典型的方法是模拟本地 NVMe 磁盘，并使用 NVMe-oF 来访问远程存储。

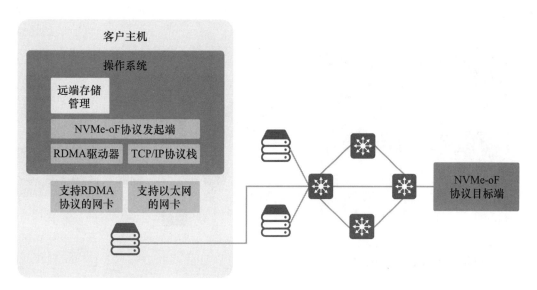

图 6-24 显式远程存储

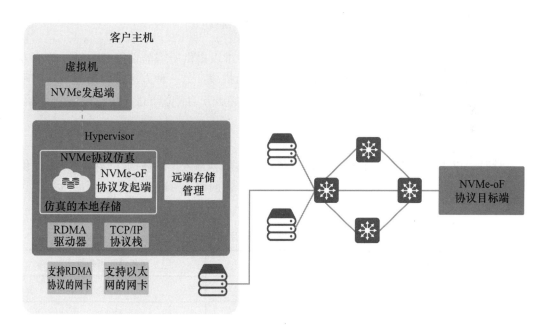

图 6-25 Hypervisor 为客户操作系统仿真本地磁盘

实现磁盘仿真的数据平面的一种建议方法是使用智能网卡，见 8.6 节。这些设备通常包括多个可编程核心和一个网卡数据平面。例如 Mellanox BlueField 和 Broadcom Stingray 产品就属于这一类。

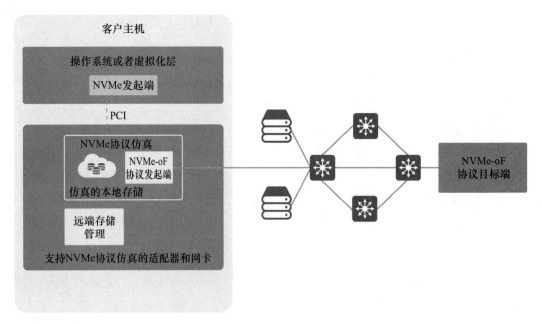

图 6-26　基于网卡的 NVMe 仿真

然而，随着 I/O 需求的增加，这种平台可能会难以提供所需的性能和时延，解决方案的可扩展性也不足，另外，散热和功耗也将成为挑战。另一种方法是使用领域专用硬件，而不是现成的可编程核心。我们将在分布式存储服务的背景下进一步讨论这个问题。

6.2.5　分布式存储服务

长时间以来，存储仅仅是对持久性设备进行读取和写入。现在的存储解决方案提供了多种额外的相关服务，表 6-1 总结了一些比较普遍的服务。我们将在随后的章节中讨论其中的一些服务。

表 6-1　按类型划分的存储服务

安全性和完整性	效率	可靠性和可用性
加密和解密	压缩和解压缩	复制
密钥管理	重复数据删除	镜像
校验和		纠删码
		条带化
		快照

6.2.6 存储安全

在当今世界，数据的加密是最重要的。人们多年来为静态数据加密设计了多种加密方案。最近批准的 IEEE 标准 1619-2018 定义了块存储设备上的加密保护。指定的算法是高级加密标准——基于 XEX 的密文窃取算法的可调整的密码本模式（AES-XTS）的变体。AES-XTS 的块大小为 16 字节，但在密文窃取的情况下，支持任何长度，不一定是 16 字节的倍数。AES-XTS 将每个存储数据块视为数据单位。常用的存储块大小有 512 B、4 KB 和 8 KB。每个数据块还可以包含元数据/保护信息（Protection Info，PI），因此比上述尺寸大 8 到 32 字节。

6.2.7 存储效率

现代存储技术中，直接关系到 IT 成本的一个重要服务就是数据压缩。每天都会产生和存储大量的数据，包括日志、网络历史记录、事务等。这些数据大部分是以人类可消费的形式存在，并且具有显著的可压缩性，因此，对其进行压缩可以更好地利用存储资源。随着性能超强的 SSD 的出现，每 GB 的成本要比 HDD 高，因此数据压缩变得更加重要。

目前，实际使用的大多数数据压缩技术都是 Lempel-Ziv（LZ）压缩方案的变体，有的采用了 Huffman 编码，有的没有采用 Huffman 编码。这些技术不可避免地要权衡压缩比、压缩和解压速度以及复杂性。例如，deflate 压缩是目前最流行的开源压缩，它实现了 9 个级别，从速度优化（1 级）到比率优化（9 级）。

在文献 [25] 中比较了各种算法的压缩速度、压缩比和解压速度：

- 快速压缩技术，如 LZ4 和 Snappy 等快速压缩技术侧重于通过消除 Huffman 编码来优化速度。
- 最快的基于软件的压缩算法（LZ4）在 Silesia 基准上的压缩率为 2。
- 最高的压缩比 3 来自 deflate（6 级）。

重复数据删除是另一种在存储平台中流行的数据缩减技术。这样做的好处来自一个事实：在同一个系统中存储相同数据的多个副本是非常常见的。例如，多个虚拟机实例的操作系统镜像，通过电子邮件发送给工作团队的大型演示文稿，或者交付给社交媒体组的多媒体文件。明确的目标是存储共同数据的单一副本，避免在副本上浪费存储空间。

重复数据删除涉及将一个新的数据块与之前存储的所有数据块进行比较，以尝试发现一个潜在的副本。逐个字节比较并不是有效的解决方案。最常见的技术依赖于计算数据块的简短摘要，并将其与其他数据块的摘要进行比较。加密散列算法由于其碰撞概率非常低，因此被用作摘要。例如，一个 4 KB 数据块的 SHA2 512 位摘要只有 64 B 长，其碰撞概率为 2.2×10^{-132}！不同的存储系统选择不同的加密散列算法，但最常见的是 NIST 认可的 SHA 系列：SHA1、SHA2 和 SHA3。SHA2 和 SHA3 提供 256、384 或 512

位的摘要大小。

6.2.8 存储可靠性

对设备故障的复原能力是存储系统的基本特性之一，在其最简单的形式下，可以通过在两个不同的磁盘上分别存储每个数据块的副本来实现。首先计算 N 个数据块的奇偶校验块，然后将这 N 个数据块和一个奇偶校验块存储在 $N+1$ 个不同的驱动器上，这样就可以在容忍单个驱动器故障（包括奇偶校验驱动器的故障）的同时降低成本。独立磁盘冗余阵列 RAID5（Redundant Array of Independent Disks standard 5）实现了这种方案，但由于重建过程中的漏洞和单个磁盘的大小增加，这种方案现在不太流行。同样，RAID6 计算两个不同的奇偶校验块，可以容忍两个驱动器故障，这种方法被称为纠删码，可以通用化。容忍 K 个驱动器故障的方案需要在 N 个数据块上计算 K 个奇偶校验块，并将 $N+K$ 块存储在 $N+K$ 个驱动器上。Reed-Solomon[25] 是一种被许多存储系统广泛使用的纠删码方案。

6.2.9 硬件卸载和分布式存储服务

如前文所述，传统上大多数存储服务都是由整体存储平台提供的。使用本地磁盘仿真对存储进行分解，为进一步的创新提供了机会。存储服务现在可以在平台的 3 个不同组件中实现，即主机的磁盘仿真适配器、存储服务器的前端控制器或存储后端，如图 6-27 所示。

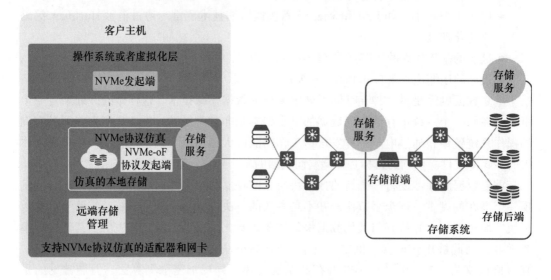

图 6-27 分布式存储服务

在主机平台内使用领域专用硬件部署存储服务，与前面几章讨论的其他分布式服务的优点可以很好地吻合，例如存储压缩似乎是这种方法的最佳实践者。在终端节点上实施相对于在设备上而言，具有可扩展性的优势。此外，由于存储数据以压缩的形式传输，还具有减少网络带宽的优势。

然而，并非所有的服务都同样适合这种方法。比如，当每个流的上下文信息不变时（通常是压缩的情况），前文介绍的客户端卸载才会更为有效；相比之下，涉及持久性元数据方案的可靠性服务更适合存储服务器端；有些服务则更适合混合方案，例如重复数据删除，因为需要所有存储块的摘要自然要由存储系统实现。然而，摘要计算是一项计算密集型的任务，可以很好地卸载到主机适配器上，这样可扩展性更好。

在安全方面，分布式存储提出了保护传输数据的额外需求。对此，唯一的方法只能是让终端节点参与其中。在远程存储服务器实现了数据静态加密的情况下，可以使用传统的网络数据包加密方案（例如 IPSec、DTLS）来保护传输的数据。另外，也可以在主机适配器上直接实现对静态数据的 AES-XTS 加密，从而覆盖对传输数据的保护，这样可以将存储平台从加密和解密工作中解脱出来。AES-XTS 方案对硬件友好，特别适合卸载到主机侧的磁盘仿真控制器。由终端节点执行的静态数据加密提供额外的好处，即在数据所有者完全控制下的总体数据保护。由于加密是在源端执行的，因此需要数据可见性的服务（如压缩）也必须在终端节点实现。

6.2.10　持久性存储器作为新的存储层

非易失性存储设备的出现也创造了新的存储层的概念。一些新的设备采用 DIMM 封装形式，其性能特点更接近于 DRAM 的容量和持久性，是比较典型的存储设备。这一存储发展趋势促进了新 API 的开发，可以更有效地利用这些设备。存储网络产业协会（Storage Networking Industry Association，SNIA）开发了一个涵盖本地访问的编程模型 [26]，目前正在根据 6.1.9 节讨论的 RDMA 协议扩展，以支持远程 NVM 设备。

6.3　总结

企业网络和云中部署的服务与应用程序服务一样要求经济高效的可伸缩性和灵活性，以及能在服务运行过程中进行修改。部署在终端节点或附近的处理分布式服务的领域专用硬件似乎提供了一种有前景的、可扩展的解决方案，在灵活性和成本之间取得了良好的平衡。

6.4 参考文献

[1] Kronenberg, Nancy P. et al. "VAXclusters: A Closely-Coupled Distributed System (Abstract)." SOSP (1985), http://citeseerx.ist.psu.edu/viewdoc/download?doi=10.1.1.74.727&rep=rep1& type=pdf

[2] Horst and Diego José Díaz García. "1.0 Introduction, 2.0 ServerNet Overview, 2.1 ServerNet I, ServerNet SAN I/O Architecture." https://pdfs.semanticscholar.org/e00f/ 9c7dfa6e2345b9a58a082a2a2c13ef27d4a9.pdf

[3] Compaq, Intel, Microsoft, "Virtual Interface Architecture Specification, Version 1.0," December 1997, http://www.cs.uml.edu/~bill/cs560/VI_spec.pdf

[4] InfiniBand Trade Association, http://www.infinibandta.org

[5] InfiniBand Architecture Specification, Volume 1, Release 1.3, https://cw.infinibandta.org/ document/dl/7859

[6] RDMA Consortium, http://rdmaconsortium.org

[7] Supplement to InfiniBand Architecture Specification, Volume 1, Release 1.2.1, Annex A16, RDMA over Converged Ethernet (RoCE) https://cw.infinibandta.org/document/dl/7148

[8] Supplement to InfiniBand Architecture Specification, Volume 1, Release 1.2.1, Annex A17, RoCEv2 https://cw.infinibandta.org/document/dl/7781

[9] Top 500, Development over time, https://www.top500.org/statistics/overtime

[10] Paul Tsien, "Update: InfiniBand for Oracle RAC Clusters," Oracle, https://downloads. openfabrics.org/Media/IB_LowLatencyForum_2007/IB_2007_04_Oracle.pdf

[11] IEEE 802.1 Data Center Bridging, https://1.ieee802.org/dcb

[12] Yibo Zhu, Haggai Eran, Daniel Firestone, Chuanxiong Guo, Marina Lipshteyn, Yehonatan Liron, Jitendra Padhye, Shachar Raindel, Mohamad Haj Yahia, and Ming Zhang. 2015. Congestion Control for Large-Scale RDMA Deployments. SIGCOMM Comput. Commun. Rev. 45, 4 (August 2015), 523–536. DOI: https://doi.org/10.1145/2829988.2787484, https://conferences.sigcomm.org/sigcomm/2015/pdf/papers/p523.pdf

[13] Ramakrishnan, K., Floyd, S., and D. Black, "The Addition of Explicit Congestion Notification (ECN) to IP," RFC 3168, DOI 10.17487/RFC3168, September 2001, https://www.rfc-editor. org/info/rfc3168

[14] SNIA, "NVM Programming Model (NPM)," https://www.snia.org/tech_activities/standards/ curr_standards/npm

[15] FCIA, Fibre Channel Industry Association, https://fibrechannel.org

[16] Chadalapaka, M., Satran, J., Meth, K., and D. Black, "Internet Small Computer System Interface (iSCSI) Protocol (Consolidated)," RFC 7143, DOI 10.17487/RFC7143, April 2014, https://www.rfc-editor.org/info/rfc7143

[17] Incits, "T11 - Fibre Channel Interfaces," http://www.t11.org

[18] Incits "T10, SCSI RDMA Protocol (SRP)," http://www.t10.org/cgi-bin/ac.pl?t=f&f=srp-r16a.pdf

[19] Ko, M. and A. Nezhinsky, "Internet Small Computer System Interface (iSCSI) Extensions for the Remote Direct Memory Access (RDMA) Specification," RFC 7145, DOI 10.17487/RFC7145, April 2014, https://www.rfc-editor.org/info/rfc7145

[20] Google, "Colossus," http://www.pdsw.org/pdsw-discs17/slides/PDSW-DISCS-Google-Keynote.pdf

[21] NVM Express, http://nvmexpress.org

[22] Rick Coulson, "3D XPoint Technology Drives System Architecture," https:// www.snia.org/sites/default/files/NVM/2016/presentations/ RickCoulson_All_the_Ways_3D_XPoint_Impacts.pdf

[23] Jeff Chang, "NVDIMM-N Cookbook: A Soup-to-Nuts Primer on Using NVDIMM-Ns to Improve Your Storage Performance," http://www.snia.org/sites/default/files/ SDC15_presentations/persistant_mem/Jeff Chang-ArthurSainio_NVDIMM_Cookbook.pdf, Sep. 2015

[24] NVM Express, "NVMExpress over Fabrics," Revision 1.0, June 5, 2016, https://nvmexpress.org/wp-content/uploads/NVMe_over_Fabrics_1_0_Gold_20160605-1.pdf

[25] GitHib, "Extremely Fast Compression algorithm," https://github.com/lz4/lz4

[26] SNIA, "NVM Programming Model (NPM)," Version 1.2, https://www.snia.org/sites/default/ files/technical_work/final/NVMProgrammingModel_v1.2.pdf

Chapter 7 第 7 章

CPU 和领域专用硬件

在第 1 章中，读者可以看到一个分布式服务平台需要分布式服务节点（DSN）离用户应用尽可能地近。这些 DSN 提供的服务可能需要强大的处理能力，特别是在需要加密和压缩等功能时。

DSN 可以用领域专用硬件或通用 CPU 来实现。钟摆向两个方向摆动了几次[⊖]，在这个问题上，有一个历史的视角是很有必要的。早在 20 世纪 70 ～ 80 年代大型机的时候，中央处理器的速度还没有快到既做计算又做 I/O，协处理器和 I/O 卸载是当时的常态[1]。20 世纪 90 年代到 21 世纪初，处理器性能快速提升，同时处理器微架构进行了重大创新，这一时期也是处理器性能快速提升的主要时期。例如，从 Intel x86 的角度来看，Intel 386 是第一款集成缓存的处理器，486 是第一款流水线式处理器，奔腾是第一款超标量的处理器，奔腾 Pro/II 是第一款具有推测执行并集成二级缓存的处理器，奔腾 4 是第一款具有虚拟化扩展的 SMT x86 处理器，可以加快 Hypervisor 的速度。集成式缓存在性能提升中也起到了很大的作用，因为与 DRAM 的速度相比，处理器的速度呈超线性增长。

所有这些演变都是因为晶体管尺寸缩小发生的。到了 21 世纪初，随着晶体管的沟道长度变成了亚微米级，继续提高频率就变得很有挑战性，因为导线正在成为主要的时延元件。继续提高处理速度的唯一有效方法就是使用多核架构，即在同一芯片上放置多个 CPU。在多核架构中，通过任务级的并行化来实现速度的提升，但这需要众多的软件任

⊖ 感谢 Francis Matus 对本章的重要贡献。

务可以相互独立运行。多核架构是基于 20 世纪 90 年代末麻省理工学院的 Agarwal 撰写的关于 Raw 架构工作站（Raw Architecture Workstation，RAW）多核架构的开创性论文 [2]。多核架构提供了足够数量的内核，因此不再需要协处理器。

尽管处理器技术仍在不断进步，2010 年钟摆开始回摆。多核开始与虚拟化技术结合，使得一个多核 CPU 可以被许多虚拟机共享。随后，云时代到来，云提供商开始意识到，由于东西向流量、存储网络和 I/O 密集型应用的爆炸式增长，I/O 流量的增长速度极快。在服务器 CPU 中实施网络、存储和安全服务，消耗了太多的 CPU 周期。这些宝贵的 CPU 周期需要给用户使用并且向用户收费，而不是给服务计费[⊖]。

多核架构时代的心态是"……我们不需要专门的硬件，因为 CPU 的速度在不断提高，CPU 是通用的，软件很容易写……"，但随着人们对领域专用硬件重新产生兴趣，这种心态所主导的时期也就结束了。

另一个相关问题是：在以大量数据 I/O 和相对较低的计算需求为特征的互联网和云时代，通用 CPU 意味着什么？台式机 CPU 只是单用户应用领域的"通用"。所有的 CPU 资源，缓存层次结构、无序执行指令、分支预测等，都是为了加速单线程执行而设计的。这浪费了大量的计算量，而且有些资源在功率和空间上都很宝贵。如果用户更关心的是在最低的成本和功率下多个任务的平均吞吐量，那么纯 CPU 的解决方案可能不是最好的答案。

从 2018 年开始，单线程 CPU 的速度每年只增长 4% 左右，这主要是由于摩尔定律的放缓，Dennard 缩放比例定律（详见 7.3 节）的结束，以及其他与进一步缩小晶体管尺寸难度有关的技术问题。

CPU 性能提升速度的放缓为 DSN 的领域专用硬件打开了大门，因为用户应用需要这些宝贵的 CPU 周期，所以这些宝贵的 CPU 周期不应该被繁重的网络服务所占用。另外，使用领域专用硬件在控制网络时延和抖动方面也有很大的好处。

在进一步讨论这些技术前，先来分析一下前面提到的原因。

7.1　42 年微处理器趋势数据

理解微处理器的发展必须先进行客观数据的分析。M. Horowitz、F. Labonte、O. Shacham、K. Olukotun、L. Hammond 和 C. Batten 进行了最早的重要数据收集 [3]，但他们没有收集更近期的数据。Karl Rupp 添加了近年来的数据 [4-5]，并用 GNU 绘图脚本在 GitHub 上发布。这项工作的结果如图 7-1 所示。

⊖　这里的服务指的是网络、存储、安全等。——译者注

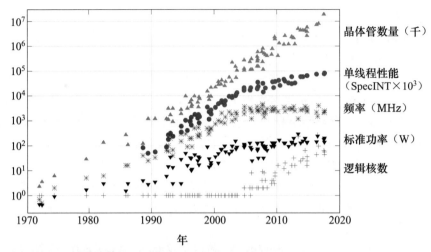

截至2010年的原始数据，由M. Horowitz、F. Labonte、O. Shacham、
K. Olukotun、L. Hammond和C. Batten收集并绘制。
由K. Rupp收集的2010年～2017年的新数据——CC BY 4.0 许可证。

图 7-1　42 年微处理器趋势数据

该图包含 5 条曲线：

- 晶体管数曲线通常被称为摩尔定律，下一节将更详细地介绍。
- 单线程性能曲线展示了本章中描述的所有因素的综合影响，将在 7.6 节中详细讨论。乍一看，这条曲线正在明显变平，即单线程性能不再线性增长。
- 另一条主要因 Dennard 缩放比例定律等技术因素而变平的是频率曲线，见 7.3 节和 7.5 节。
- 标准功率曲线表现出与频率曲线相似的趋势。
- 逻辑核数曲线显示了 2005 年前后引入的多核架构的发展趋势，并与 7.4 节中描述的 Amdahl 定律结合产生了重大的影响。

7.2　摩尔定律

为采用领域专用硬件进行辩护的典型说辞之一是：摩尔定律已经终结。这句话对不对？

戈登·摩尔是仙童半导体（Fairchild Semiconductor）的联合创始人之一，也是英特尔公司的长期首席执行官兼董事长，他在 1965 年提出了最初的摩尔定律。虽然有不同的提法，但普遍接受的是 1975 年的提法，即"晶体管数量大约每两年翻一番"。这不是真正的定律，更像是一种"野心"。

图 7-2 为集成电路芯片上晶体管数量的示意图，该图来自 Our World in Data[6]。

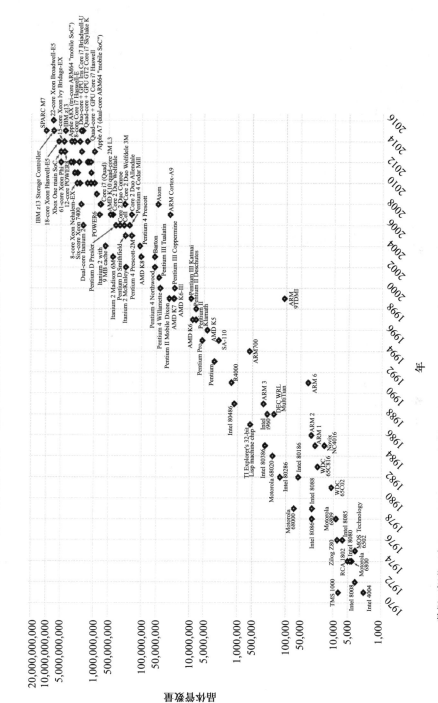

图 7-2　各年晶体管数量的变化

数据可视化可在OurWorldinData.org上获取。在那里读者可以找到更多关于这个主题的可视化和研究。

乍看之下，图 7-2 似乎证实了摩尔定律仍然有效，它与图 7-1 的晶体管数量曲线也能互相印证。与图 7-1 不同的是，图 7-3 是对英特尔处理器的具体分析。英特尔处理器是大型数据中心和云计算领域的主流处理器。2015 年，英特尔承认摩尔定律从 2 年放缓到 2.5 年[7-8]。

戈登·摩尔最近估计，摩尔定律将在 2025 年之前达到适用性的极限，因为晶体管最终将在原子层面达到微型化的极限。

要用 SPEC 整数基准（用于比较计算机在处理单一任务时的性能，如完成单一任务的时间）来表示 CPU 的降速，就需要加上 Hennessy 和 Patterson Turing Award 演讲[9-10]中的其他因素：

- Dennard 缩放比例定律的终结。
- 微处理器的功率预算受限。
- 用多个节能的处理器取代单一高能耗的处理器。
- Amdahl 定律对并发处理的限制。

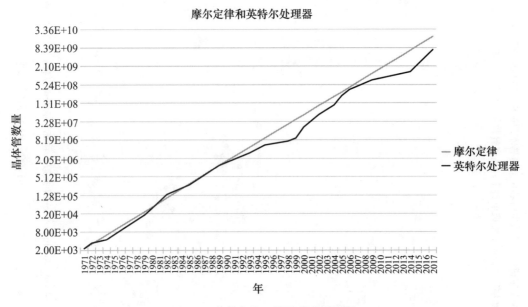

图 7-3 英特尔处理器的晶体管数量

7.3 Dennard 缩放比例定律

1974 年，Robert Dennard 观察到，随着技术的改进，当晶体管的尺寸缩小时，功率密度保持不变[11]。

他观察到，电压和电流与晶体管的线性尺寸成正比，因此，随着晶体管的缩小，电压和电流也随之缩小，因为功率是电压和电流的乘积，对于同样数量的晶体管，功率就会平方级下降。另外，晶体管的面积平方级下降，相同芯片面积上的晶体管数量就会平方级增加。这两种变化就相互抵消了。

　　Dennard 缩放比例定律在 2004 年左右结束了，因为电流和电压不能在保持集成电路可靠性的同时继续下降。

　　此外，Dennard 缩放比例定律忽略了漏电流和阈值电压，而漏电流和阈值电压建立了每个晶体管的功率基线。随着 Dennard 缩放比例定律的结束以及每一代新的晶体管的产生，功率密度就会增加。图 7-4 显示了晶体管的尺寸和功率增加量随年份的变化而变化的情况。

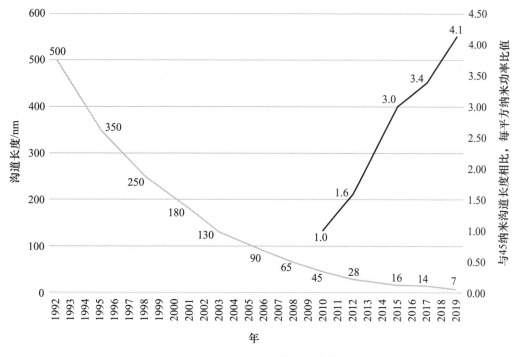

图 7-4　Dennard 缩放比例定律

　　图中功率数据是用 Hadi Esmaeilzadeh 等的国际半导体技术路线图（International Technology Roadmap for Semiconductor，ITRS）数据估算的 [12]。所有这些数据都是近似的，只是用来得到一个定性的现象。

　　功率密度的增加也开始限制时钟频率的增加，也就限制了单个 CPU 内核的性能提升。

　　Dennard 缩放比例定律是导致单核 CPU 增长放缓的主要因素。

　　从 2005 年开始，CPU 厂商将重点放在了多核架构上，希望使用多核架构继续提升性能，这时 Amdahl 定律就出现了。

7.4　Amdahl 定律

1967 年，计算机科学家 Gene Amdahl 提出了 Amdahl 定律，用于预测使用多处理器时的理论速度提升[13]。Amdahl 定律有 3 个参数：

- Speedup 为整个任务执行时的理论速度提升。
- N 为内核数。
- p 为程序可并行化的比例；如果 N 接近无穷大，则 Speedup=$1/(1-p)$。

例如，如果任务的 10% 是串行的（$p = 0.9$），那么使用多个内核的最大性能收益为 10 倍。

图 7-5 显示了当代码的并行部分为 50%、75%、90% 和 95% 时，可能的速度提升。在 95% 时，4096 核的情况下，可以达到的最大速度提升是 20，但 256 核和 4096 核之间的差异很小，继续增加核数会产生递减的回报率。

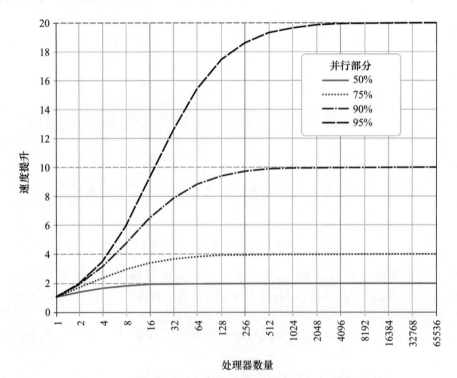

归属：Daniels220 at English Wikipedia [CC BY-SA 3.0]

图 7-5　Amdahl 定律

7.5 其他技术因素

所有现代的处理器都采用金属－氧化物半导体场效应晶体管（Metal-Oxide-Semiconductor Field-Effect Transistor，MOSFET）。缩小这些晶体管的尺寸是非常好的办法，因为这样可以在单个芯片上封装更多的功能，也就降低了每个功能的功率和成本。前面已经介绍过缩小 MOSFET 尺寸很难的几个原因，但还有其他几个原因：

- 缩小晶体管的尺寸也就意味着要缩小连接晶体管的金属线尺寸，这会导致电阻的增大，反过来又限制了操作频率。
- 可以降低电路工作时的电压，但有最低阈值电压的限制，例如对于存储器电路，不能低于这个阈值电压。将电压降低到一定程度以下，会导致晶体管不能完全导通和关闭，因此，亚阈值导通（subthreshold conduction）会消耗功率。
- 存在与沿时钟树分配时钟相关的内在功率消耗。
- 当减少沟道长度时，其他的漏电也变得重要，像栅氧化层漏电和反向偏压结漏电。这些漏电在过去被忽略，但现在可能占到专用集成电路（Application Specific Integrated Circuit，ASIC）总功耗的一半以上。
- 与功耗相关还有发热和散热。为保证器件的可靠性，晶体管必须保持在特定的温度以下。
- 工艺变化也变得更加关键。精确地对准制造掩膜的位置，以及控制掺杂的数量都更困难。

所有这些因素，再加上前面章节中讨论过的 Amdahl 定律和 Dennard 缩放比例定律，解释了为什么图 7-1 中的频率和功率曲线在近几年来趋于平坦。另外，经济因素也很重要，例如采用昂贵的技术来冷却芯片并不实用。

7.6 汇总

截至目前，晶体管数量仍然遵循着摩尔预言的指数增长曲线。AMD Epyc 处理器和 NVIDIA CP100 GPU 是最近跟随摩尔定律的两款产品。

单线程性能的增长目前只是同比略有增长，主要得益于每时钟周期指令执行的进一步提升，而附加晶体管的可用性，则体现为核数的增加。

综合之前三节中的描述，就会产生如图 7-6 所示的结果。

纵轴是根据 SPEC 整数基准（SPEC.org 的标准基准测试技术）计算出的处理器性能，横轴是时间轴。数据是定性的，是通过对图 7-1 中的"单线程性能点"进行线性化得到的数据。

该图显示的重点是，自 2015 年以来，处理器的速度每年只增长了 4%（SPEC 整数基准）。如果这样的趋势持续下去，那么单线程性能需要 20 年才能翻一番！

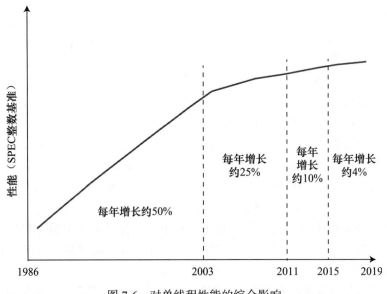

图 7-6 对单线程性能的综合影响

7.7 摩尔定律是否终结

摩尔定律在 1975 年的表述中说：晶体管数量大约每两年翻一番。我们已经看到，这一点在一般情况下仍然是不变的，即使晶体管的沟道长度在稳步减少，但已经接近原子的大小，这成为一个主要的障碍。戈登·摩尔和其他分析师预计，摩尔定律将在 2025 年左右结束。

我们还看到，如今在数据中心和云计算领域部署最多的是英特尔处理器，但自 2015 年以来，英特尔处理器已经难以跟上摩尔定律。

最重要结论是，如果单线程性能按照目前的速度继续增长，那么需要 20 年的时间才能翻一番。这个因素是大多数分析人士声称摩尔定律已经终结的原因 [14]。

7.8 领域专用硬件

领域专用硬件针对性地优化了某些类型的数据处理任务，能够比通用 CPU 更快、更高效地执行这些任务。

例如，图形处理单元（Graphics Processing Unit，GPU）是为了支持高级图形接口而诞生的，但如今 GPU 也被广泛用于人工智能和机器学习。GPU 成功的关键在于高度并行的结构，这使得 GPU 比 CPU 在处理大量并行数据且依赖于大量浮点数学计算的算法上更加高效。有一个众核处理器架构无法与其竞争的例子：例如，英特尔的 Larrabee 项目就是试图用众核处理器来对比 GPU，但它由于时延和早期的性能数据令人失望而被取消了[15]，主要原因是众核架构并不能很好地解决图形问题。

在网络服务的执行中，有些操作不是很适合 CPU，但可以利用领域专用硬件的优势。来看一下最长前缀匹配和访问控制列表。这两种操作都可以在三态内容寻址存储器（Ternary Content Addressable Memory，TCAM）中有效地实现，但 CPU 本身不支持，因此必须在软件中使用树状数据结构来实现；加密也存在同样的问题。现代 CPU 已经增加了对对称加密算法的支持，但通常缺乏对非对称加密算法（例如 RSA、Diffie-Hellman）的显著优化，但是非对称加密算法会在建立新的安全连接时使用。另外，无损数据压缩和重复数据删除是存储应用中的标准配置，而 CPU 并没有针对这些功能的原生指令。

另一个关键点是，CPU 并不是为处理低时延和低抖动数据包设计的，而网络设备一般都是基于这些特定属性来设计的。CPU 上通常运行一个操作系统，其中包含一个调度器，负责在不同进程之间共享 CPU。这种调度器的设计不是为了将抖动和时延降到最低，而是为了优化 CPU 的整体利用率。但抖动和时延是处理网络数据包时的两个基本参数，因此，网络服务和 CPU 之间存在不匹配的问题，而网络服务和领域专用硬件之间不存在这样的问题。

7.9　服务器的经济性

我们需要考虑的根本问题是：把投资放在哪里才能获得最大的系统性能？换句话说，在分布式服务平台中，领域专用硬件是否有商业价值？

我们先来分析一下是什么构成了一台服务器：CPU、RAM、外设和主板。主板是一个商品化的部件，差异性很小；英特尔控制着主要的 CPU 市场；RAM 市场则是少数几家厂商，价格差异很小；在不同的外设中，分布式服务的一个重要外设是网络接口卡（NIC）。

我们已经看到，目前的趋势是将安全、管理、存储和控制功能等任务放到 CPU 中。扭转这一趋势，将这些功能转移到网络设备中的领域专用硬件上，可以释放出 CPU 的周期用于实际应用，例如安全和网络功能是计算密集型的，在领域专用的、低功耗的硬件中实现效果更好。

另外，领域专用硬件的更新往往比 CPU 的更新要快（一般为 2 年，而新的 CPU 综合体的更新期为 4 年），这使得分布式服务的改进速度更快。

以上几点都表明，分布式服务平台的领域专用硬件是有商业价值的，未来几年内，我们会看到越来越多的分布式服务平台。

7.10 总结

本章中已经证明，领域专用硬件的可用性是高效实现分布式服务平台的关键。

下一章将介绍网卡的发展，并讨论网卡是否是可以用来承载 DSN 的硬件，又或者这种硬件更好的位置是在其他网络设备中。

7.11 参考文献

[1] Wikipedia, "Coprocessors," https://en.wikipedia.org/wiki/Coprocessor

[2] Anant Agarwal, "Raw Computation," *Scientific American*, vol. 281, no. 2, 1999, pp. 60–63. JSTOR, www.jstor.org/stable/26058367

[3] W. Harrod, "A Journey to Exascale Computing," slide 12, https://science.energy.gov/~/media/ascr/ascac/pdf/reports/2013/SC12_Harrod.pdf

[4] Karl Rupp, "42 Years of Microprocessor Trend Data," https://www.karl-rupp.net/2018/02/42-years-of-microprocessor-trend-data

[5] Karl Rupp, "Microprocessor Trend Data," https://github.com/karlrupp/microprocessor-trend-data

[6] Our World in Data, "Moore's Law - The number of transistors on integrated circuit chips (1971–2016)," https://ourworldindata.org

[7] https://www.technologyreview.com/s/601102/intel-puts-the-brakes-on-moores-law

[8] https://www.businessinsider.com/intel-acknowledges-slowdown-to-moores-law-2016-3

[9] John L. Hennessy and David A. Patterson, 2019. A new golden age for computer architecture. Commun. ACM 62, 2 (January 2019), 48–60. DOI: https://doi.org/10.1145/3282307

[10] John Hennessy, "The End of Moore's Law & Faster General Purpose Computing, and a Road Forward," Stanford University, March 2019, https://p4.org/assets/P4WS_2019/Speaker_Slides/9_2.05pm_John_Hennessey.pdf

[11] R. H. Dennard, F. H. Gaensslen, V. L. Rideout, E. Bassous, and A. R. LeBlanc, "Design of ion-implanted MOSFETs with very small physical dimensions," in IEEE *Journal of Solid-State Circuits*, vol. 9, no. 5, pp. 256–268, Oct. 1974.

[12] Hadi Esmaeilzadeh, et al. "Dark silicon and the end of multicore scaling." 2011 38th Annual International Symposium on Computer Architecture (ISCA) (2011): 365–376.

[13] Gene M. Amdahl, 1967. Validity of the single processor approach to achieving large scale computing capabilities. In Proceedings of the April 18–20, 1967, Spring Joint Computer Conference (AFIPS '67 (Spring)). ACM, New York, NY, USA, 483–485.

[14] Tekla S. Perry, "David Patterson Says It's Time for New Computer Architectures and Software Languages," IEEE Spectrum, 17 Sep 2018, https:// spectrum.ieee.org/view-from-the-valley/ computing/hardware/david-patterson-says-its-time-for-new-computer-architectures-and-software-langauges

[15] Wikipedia, "Larrabee (microarchitecture)," https://en.wikipedia.org/wiki/Larrabee_ (microarchitecture)

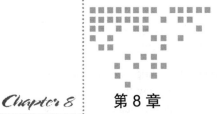

第 8 章

网卡演变

前几章介绍了分布式服务平台中使用领域专用硬件的重要性。这种领域专用硬件的最佳载体就是网卡（NIC）。网卡最初的设计是为了满足服务器通过一个或多个以太网网络进行通信的需求。在其最纯粹的形式下，网卡是一个接收来自网络的数据包并在服务器总线上发送，同时接收服务器总线上的数据包并发送至网络的设备。

本章将讨论网卡从 20 世纪 90 年代的最初的分组传递小部件到今天的 SmartNIC（能够以附加 ASIC 的形式或者在网卡 ASIC 上承载领域专用硬件的复杂硬件设备）的演变。SmartNIC 有两种实现方式，其中一个例子是 2.8.1 节中描述的微软的 Azure SmartNIC，其框架是 FPGA 叠加普通的网卡 ASIC 的方式；另一个例子是 Broadcom BCM58800 系列，其框架是叠加多个 ARM 众核$^{\ominus}$。

此外，内存也是必须考虑的内容，因为一个分布式服务平台需要内存来存储多个表。

我们在第 6 章中看到，在网卡上叠加领域专用硬件的实现是存储和 RDMA 服务的首选方案，因为它们通过 PCIe 总线与服务器内存子系统相连。

通过恰当的实施方案，在网卡中叠加领域专用硬件，可以减少网络、存储和安全服务造成的服务器 CPU 负担，从而将宝贵的服务器 CPU 资源还给用户应用。

    ⊖   也有公司是使用 NP 实现的，如 Netronome。——译者注

8.1　理解服务器总线

服务器总线在不断发展，但现代服务器都采用 PCI Express（Peripheral Component Interconnect Express，缩写为 PCIe 或 PCI-e），它是一种高速串行计算机扩展总线。

PCI 和 PCI-X 是总线拓扑结构，而 PCIe 是支持桥接的点对点标准。由此产生的拓扑结构是一个单根联合体的树状结构，如图 8-1 所示。

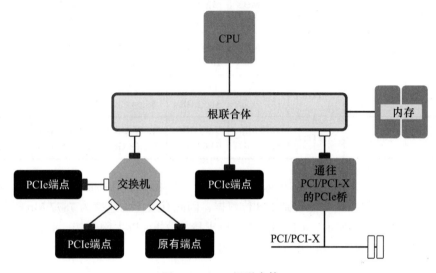

图 8-1　PCIe 根联合体

PCIe 根联合体负责管理 PCIe 资源和系统配置，也管理 PCIe 树的中断和错误。以前根联合体的功能位于南桥（也称为 ICH，即 I/O Controller Hub），而现在的处理器往往将其集成在芯片上[⊖]。

PCIe 由数目不等的"通道"（Lane）组成，通道数可以是 1、2、4、8、12、16 或 32[1]。所使用的记号形式为 x4、x8、x16 等，比如 x4 表示 4 条通道。每条通道由两个差分信令对组成：一个 RX 对和一个 TX 对。因此，每条通道都支持全双工操作。

PCIe 以不同的"代"或"版本"存在。目前，最常用的是 PCIe Gen 3，业界正准备采用 Gen 4，表 8-1 总结了两者的区别。对于每个版本，吞吐量以 GT/s（千兆传输量每秒）、GB/s（千兆字节每秒）和 Gb/s（千兆比特每秒）表示。传输数还包括以 GB/s 和 Gb/s 为单位时不被计入的开销位。

　　⊖　根联合体功能可以以分立设备实现，也可以在处理器中集成。——译者注

表 8-1 PCIe 性能

PCIe 版本	年	编码方案	传输率	吞吐量				
				x1	x2	x4	x8	x16
1.0	2003	8b/10b	2.5 GT/s	250 MB/s 2 Gb/s	0.5 GB/s 4 Gb/s	1.0 GB/s 8 Gb/s	2.0 GB/s 16 Gb/s	4.0 GB/s 32 Gb/s
2.0	2007	8b/10b	5.0 GT/s	500 MB/s 4 Gb/s	1.0 GB/s 8 Gb/s	2.0 GB/s 16 Gb/s	4.0 GB/s 32 Gb/s	8.0 GB/s 64 Gb/s
3.0	2010	128b/130b	8.0 GT/s	985 MB/s 7/88 Gb/s	1.97 GB/s 15.76 Gb/s	3.94 GB/s 31.52 Gb/s	7.88 GB/s 63.04 Gb/s	15.8 GB/s 126.08 Gb/s
4.0	2017	128b/130b	16.0 GT/s	1969 MB/s 15.76 Gb/s	3.94 GB/s 31.52 Gb/s	7.88 GB/s 63.04 Gb/s	15.75 GB/s 126.08 Gb/s	31.5 GB/s 252.16 Gb/s
5.0	2019	128b/130b	32.0 GT/s	3938 MB/s 31.52 Gb/s	7.88 GB/s 63.04 Gb/s	15.75 GB/s 126.08 Gb/s	31.51 GB/s 252.16 Gb/s	63.0 GB/s 54.32 Gb/s

纠错码可以保护数据传输[注]。例如，在 Gen 3 中，每条通道的传输速率为 8 Gb/s，但由于编码需要传输 130 位数据才能得到 128 位数据，因此有效传输速率为 7877 Mb/s，相当于 984.6 MB/s。表 8-1 还显示，4 条 Gen 3 通道支持 25 Gb/s 以太网连接，8 条通道支持 50 Gb/s 以太网，16 条通道支持 100 Gb/s 以太网。

8.2 网卡实现形式比较

网卡既可以是直接焊接在主板上的 LOM（LAN On Motherboard）方式，也可以作为独立的可插拔卡安装在 PCIe 插槽中。这些网卡主要有三种形式：PCIe 插件、专有夹层和 OCP 夹层。

8.2.1 PCI 插件卡

插件卡可能是最常见的形式，它普遍用于机架式服务器上。这些服务器通常有一个或多个用于 PCIe 卡的 PCIe 插槽。

图 8-2 显示的是一张英特尔插件卡（PCI Express Gen 2，5 GT/s，x4 通道）。由于历史原因，图中显示的是一张老式的卡，有 2 个 1 Gb/s 端口。请注意，卡上没有散热器或风扇。

　⊖　PCIe 6.0 引入前向纠错。前向纠错是一种通过提供恒定的纠错数据流来纠正链路中的信号错误的方法，一般用于数据完整性等至关重要但没有时间进行重传的情况。——译者注

图 8-2 Intel I350-T2 英特尔以太网服务器适配器

图 8-3 为 Broadcom BCM957454A4540C NeXtreme E 系列单端口 1/10/25/40/50/100 Gb/s 以太网 PCI Express Gen 3 x16。

图 8-3 Broadcom NeXtreme E 系列

PCIe 插槽的标准功率和散热限制为每插槽 25W [2]，这就限制了 PCIe 板上可以安装的硬件数量。有些网卡厂商无法满足这一严格的功耗要求，也可以使用相邻的两个插槽来做单卡。有些服务器厂商提供了更高的功率，但每条插槽的功率必须全部耗尽，这就增加了运行成本。

设计领域专用硬件时，必须考虑到功率是受限的，因此，需要利用一切可能的设计技术来降低功耗。

8.2.2 专有夹层卡

与机架式服务器相比，许多企业数据中心使用刀片式服务器作为优化布线和电源效率的一种方式。这些服务器的外形尺寸因厂商不同而各异，而且都是专有的。

刀片式服务器不能承载通用的 PCIe 插件卡，而是使用"夹层子卡"，这些子卡也有专有的外形尺寸和专有的连接器。子卡以堆叠配置的方式与主板并联。虽然连接器是专有的，但连接器上所使用的协议始终是 PCIe 协议。

图 8-4 显示了惠普企业级刀片系统 c 级的 NC532m 10GbE 2 端口适配器。

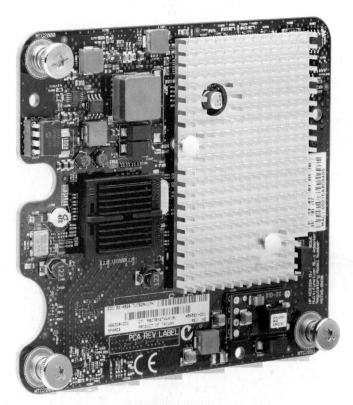

图 8-4　夹层形式的 HPE 卡（由惠普提供）

8.2.3 OCP 夹层卡

开源计算项目（Open Compute Project，OCP）[3] 是一个开源社区，其任务是将服务器、存储和数据中心的硬件设计标准化。

与我们的讨论特别相关的是，OCP NIC 小组目前正在研究 OCP Mezzanine 2.0 的后续设计规范，称为 OCP NIC 3.0。这是一个新的规范，支持小型卡和大型卡。小型卡最多支持 16 个 PCIe 通道，而大型卡最多支持 32 个 PCIe 通道。

图 8-5 是这两种网卡的示意图。

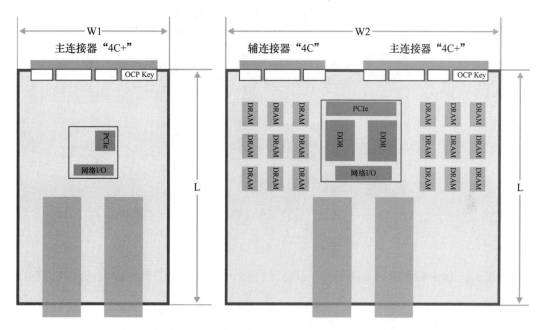

图 8-5　OCP 3.0 小型卡和大型卡（由开源计算项目基金会提供）

OCP 3.0 卡在小尺寸时支持高达 80 瓦的功耗，在大尺寸时支持高达 150 瓦的功耗。不过，限制因素不是电流传输，而是散热能力。每个平台都会根据散热能力来限制功耗，典型的范围是 15 瓦到 25 瓦，就像 PCIe 插件卡一样，有些平台试图将其提高到 35 瓦左右。

如图 8-6 所示为 OCP 服务器使用的 OCP 3.0 形式的 Mellanox ConnectX-5 双端口 100 GbE 网卡。

8.2.4　主板集成卡

对于某些类型的服务器来说，LOM 是相当标准的做法，也就是在主板上焊接网卡上使用的 ASIC，有时也会与其他一些芯片结合在一起，比如网卡存储器。LOM 对于成本敏感的服务器来说非常重要，因为在这些服务器上，插槽、连接器和网卡是不必要的。

图 8-7 显示的是思科 UCS C220 M5 服务器上的 LOM，两个端口为 10 Gb/s。

图 8-6　OCP 3.0 形式的 Mellanox ConnectX-5 外形尺寸（由开源计算项目基金会提供）

图 8-7　思科 UCS 上的 LOM

8.3　网卡的演变历程

2005 年之前，网卡的演变重点是提高端口速率，增加端口数量，支持新的更快的总线（PCI、PCI-X、PCIe），适应新的外形尺寸，以及降低功耗以适应服务器扩展插槽。

在上述发展过程中，网卡的体系结构一直相当稳定，主要就是基于一个简单的状态机，实现对数据包的顺序处理：输入一个数据包，输出一个数据包。

从 2005 年左右开始，网卡有了新的功能，如：

- **多队列**：为了增加服务质量（QoS）功能，网卡引入了多队列，以便根据不同优先级处理不同类型的数据包。随着队列的出现，还出现了一种基于差分加权轮询队列（Deficit Weighted Round Robin，DWRR）等算法的调度器。为了更好地支持多核 CPU 和基于应用的队列，增加队列的数量已经成为一个持续的趋势。网卡可以将不同的网络流量分配到不同的队列，并将不同的队列分配给系统中不同的 CPU 核，从而使系统能够并行处理网络流量，实现更大的网络吞吐量。

- **流量整形**：流量整形是一种与 QoS 相关的功能，网卡可以根据预定义的配置文件对出向流量进行整形。

- **组播处理**：随着组播应用，特别是金融领域组播应用的广泛使用，网卡引入了支持多个组播组的功能，并支持使用 IGMP 等协议加入和离开组播组。

- **支持 TCP/UDP/IP 无状态卸载**：这一功能不应与 TCP 终结、有状态卸载或代理混为一谈，后者的功能要复杂得多。三种常见的无状态卸载是：

  ■ 校验和卸载：将校验和的计算工作委托给网卡。

  ■ 大量发送卸载（Large Send Offload，LSO）：LSO 是一种降低 CPU 占用率，同时提高出口网络吞吐量的技术。其工作原理是将一个大的缓冲区传递给网卡，网卡将这个缓冲区分成不同的数据包。这种技术应用于 TCP 时，也称为 TCP 分段卸载（TCP Segmentation Offload，TSO），或通用分段卸载（Generic Segmentation Offload，GSO）。例如，CPU 可以将一个 64 KB 的缓冲区和一个 TCP 协议头模板传递给网卡。网卡将有效载荷分成 45 个段，每段 1460 字节，并在发送出去之前给每个段附加适当的 Ethernet/IP/TCP 报文头。

  ■ 大量接收卸载（Large Receive Offload，LRO）：LRO 是 LSO 在接收端的配套技术。它将单个流上接收到的多个数据包聚合到一个缓冲区中，并将其传递到网络协议栈的更高层，以减少需要由操作系统处理的数据包数量。Linux 的实现一般都是将 LRO 与 New API（NAPI）结合使用，NAPI 是 Linux 内核中为网络设备提供中断缓解技术的接口。该功能也称为接收侧合并（Receive Side Coalescing，RSC）。

- **接收侧缩放（Receive Side Scaling，RSS）**：在多核处理器场景下，如果所有来自网卡的数据包和中断都会被送到同一个 CPU 核，这可能会造成该 CPU 核的性能瓶颈。RSS 支持向系统中的所有 CPU 核传递收到的数据包，这种传递方式通常是通过对数据包五元组的散列功能来实现的，以使得所有属于同一个流的数据包都进入同一个 CPU 核。

- **消息信号中断扩展（Message Signaled Interrupts-Extended，MSI-X）**：在 MSI-X 之前，网卡使用专用的中断引脚线向 CPU 申请中断，需要在网卡、处理器和所有的连接器上都有单独的引脚。有了 MSI-X，中断使用带内（in-band）消息进行信号传递。MSI-X 是 PCIe 上唯一的中断信号机制，是在 PCIe 3.0 中引入的，最多可支持 2048 个中断。MSI-X 允许将中断分散到多个 CPU 核。
- **中断调节**：中断调节的思路是，在大流量环境下，如果每个数据包都要中断 CPU，这样就会严重影响效率。为了解决这个问题，可以使用一个中断服务多个数据包。通过中断调节，网卡硬件在接收到一个数据包后不会立即产生中断，而是会等待更多的数据包到达或直到超时才进行统一的中断[⊖]。
- **支持 VLAN 标签**：VLAN 在网络中是一个标准实现。IEEE 将其标准化为 IEEE 802.1Q，因而以太网帧中的标签也称为"dot 1Q Tag"。目前，有网卡能够支持单层或多层 VLAN 标签。
- **支持叠加网络**：这是对 VLAN 标签的扩展，具体指的是在帧中插入叠加网络的报文头以创建隧道。例如，在 VXLAN 中，网卡可以作为一个 VTEP（见 2.3.4 节）。
- **数据包过滤和复制**：为了更好地支持虚拟化，大多数网卡都增加了数据包过滤和复制模式。过滤和复制模式的例子有：
  - 通过 VLAN 标签；
  - 通过以太网单播、组播或广播地址；
  - 通过将一个数据包复制到多个虚拟机上的方式；
  - 通过各种镜像模式。
- **对 DCB 的支持**：数据中心桥接（Data Center Bridging，DCB）被 IEEE 定义为基于优先级的流控（Priority-based Flow Control，PFC）、数据中心桥接交换协议（Data Center Bridging eXchange，DCBX）和带宽管理（增强传输选择（Enhanced Transmission Selection，ETS））等技术的集合统称。在过去，这些技术也称为聚合增强以太网（Converged Enhanced Ethernet，CEE）和数据中心以太网（Data Center Ethernet，DCE）。三者中最重要也最有争议的显然是 PFC，也称为按优先级暂停（Per Priority Pause，PPP）。使用 PFC，一个物理链路可以被分割成多个逻辑链路（通过扩展 IEEE 802.1Q 优先级概念），每个优先级可以配置为无损或有损

⊖ 中断缓解和中断调节叫法不同，但都是指的同一类技术。——译者注

行为（以太网的默认值是有损）[⊖]。

- **支持统一融合的 Fabric 网络**：DCB 的主要目的是支持统一融合的 Fabric 网络。这个术语表明，不仅对"原生"网络流量（主要是 IP 的流量）使用同一套以太网基础设施，而且对存储和 RDMA 流量也融合运行在以太网之上[⊜]。存储和 RDMA 流量不像 TCP/IP 那样可以容忍丢包。DCB 的想法是为这类流量创建不丢包的逻辑链路。更多细节请参见 6.1.8 节。

- **支持时间同步**：服务器时间同步对于跟踪和关联网络上发生的事情越来越重要。最初，在服务器 CPU 上运行的 NTP 协议就足够精确，实现起来也很容易。但要达到微秒级精度，甚至 100 纳秒级精度，NTP 协议就无法做到了。以后的趋势是使用 IEEE 1588 中的高精度时间协议（Precision Time Protocol，PTP）。PTP 是一种用于在整个局域网内同步时钟的协议，它可以达到亚微秒范围内的时钟同步精度。要做到这一点，网卡需要提供对 PTP 的支持。

- **支持 SR-IOV**：下一节将详细讨论，SR-IOV（Single Root I/O Virtualization）是将网络交换机集成到网卡中，以完成通常由虚拟交换机在软件中完成的功能[⊜]。

8.4 使用 SR-IOV

单根输入 / 输出虚拟化（Single Root Input/Output Virtualization，SR-IOV）是由 PCI-SIG 制定的标准，通常可与虚拟机和 Hypervisor 虚拟层结合使用^[4]。SR-IOV 已经有十多年的历史了，在云计算产品中的应用越来越广泛。SR-IOV 允许运行在同一个 Hypervisor 虚拟层或服务器（单根联合体）上的不同虚拟机共享一块 PCIe 硬件，而不需要 Hypervisor 虚拟层实现软件交换机。

SR-IOV 定义了物理功能（Physical Function，PF）和虚拟功能（Virtual Function，VF）。PF 具备 PCIe 的全部功能，可以像其他 PCIe 设备一样被发现、管理和操作。VF 更简单，只提供输入和输出功能[⊗]。一个 SR-IOV 设备可以有少数 PF（例如 16 个），而每个 PF 可以有多个 VF（例如每 PF 有 256 个 VF）。VF 的数量也有一个总限制，通常是 1024 个。

ⓧ 无损网络要通过拥塞控制、负载均衡、流量控制等方式解决传统有损网络的拥塞丢包等问题。——译者注

ⓧ 虽然技术上允许运行在同一套以太网上，但实际生产环境中还是会区分在不同的以太网上运行。——译者注

ⓧ SR-IOV 是一种解决虚拟化网络 I/O 的硬件技术方案，将物理 I/O 设备虚拟化后提供给多个虚拟机共享。——译者注

ⓧ 从 PF 中分离出来的轻量级 PCIe 功能，一个 PF 能虚拟成多个 VF 用于分配给多个虚拟机。——译者注

图 8-8 展示了 SR-IOV 的架构，以及物理网卡、一个与 Hypervisor 虚拟层网络驱动相关的 PF、两个与虚拟机虚拟网卡相关的 VF 之间的关系。这是对 Hypervisor 中虚拟软件交换机的硬件替代方案：在 SR-IOV 架构中，交换机位于网卡中，而不是在 Hypervisor 虚拟层中。

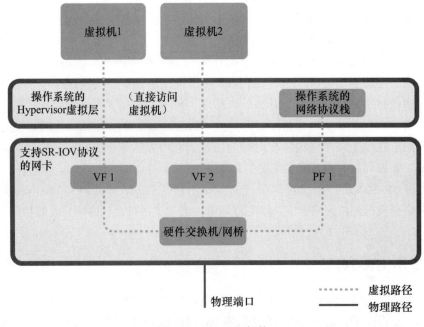

图 8-8　SR-IOV 架构

SR-IOV 架构实现了一个简单的二层交换机，正如第 2 章所讨论的那样，这很容易实现，因为只需要一个二态匹配引擎。在 SR-IOV 交换机中实现更为复杂的三层或四层转发是必然的需求。从数据平面的角度来看，可以采用 LPM 转发或流表转发等方法。从控制和管理平面的角度来看，可以对交换机进行编程，例如使用 RESTful API 或使用 OpenFlow 控制器（例如 Faucet 控制器 [5]）；还可以使用 OVSDB 在 SR-IOV 内部对交换机进行编程（见 4.3.1 节）。

控制平面和管理平面可以运行在服务器 CPU 上，也可以运行在集成在网卡中的核上。对于流表方法中的首包处理，上送到服务器 CPU 和上送到网卡的核上是类似的。

同样，服务器 CPU 的卸载水平也取决于这些选择。

8.5　使用 Virtual I/O

Virtual I/O（VirtIO）[6-7] 是 OASIS 成立的项目 [8]（OASIS 为标准制定组织，全称是

Organisations and Society in Information Systems Workshop），旨在简化虚拟设备，使虚拟设备更具扩展性、可识别性并支持多操作系统（相关内容在 3.2.4 节中已经介绍过）。VirtIO PCI 设备与物理 PCI 设备非常相似，因此既可以用于物理网卡，也可以用于虚拟网卡。目前，主要的操作系统均已经包含 VirtIO PCI 设备的标准驱动程序。目前流行的两种 VirtIO 设备是 virtio-blk（用于块存储）和 virtio-net（用于网络通信），另外三种还包括 PCI 仿真、balloon 驱动（用于动态管理客户机的内存使用情况）以及控制台驱动。图 8-9 所示为 VirtIO 架构。

最上面是前端驱动，可以位于虚拟机操作系统中。最下面是后端驱动，可以在 Hypervisor 虚拟层中实现。每个前端驱动都有一个相应的后端驱动。中间两个额外垫层实现了其他服务之间的排队。

当与虚拟化环境配合使用时，前端驱动在虚拟环境中运行，并与 Hypervisor 虚拟层中的后端驱动配合，以提高性能。

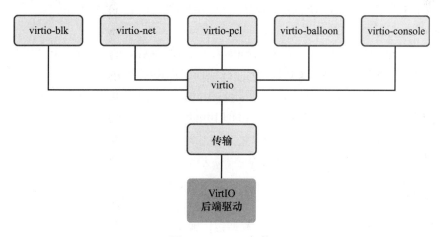

图 8-9　VirtIO 架构

8.6　定义智能网卡

到目前为止，我们已经讨论了经典网卡的演变过程。大约在 2016 年，SmartNIC（智能网卡）这个词被提出来，尽管这个词还没有被广泛接受的明确定义[⊖]。其中一个最好的，也是比较简单的定义是：SmartNIC 能够部分卸载通常由系统 CPU 处理的复杂任务。为了实现这一目标，SmartNIC 通常包括以下一些软硬件能力：

⊖　尽管没有明确定义，但 Mellanox 的智能网卡已经基本成为了事实标准。——译者注

- **处理器**：一般以 ARM 核的形式出现[⊖]，通常运行控制和管理协议。
- **使用 SR-IOV 并支持进行二层或三层数据交换**：卸载交换功能，但获得的卸载程度会因卸载实现方式不同而有很大的差异。
- **支持 SDN 流表**：与前一点类似，使用流表卸载交换功能，将流表的功能从软件实现转移到网卡的硬件实现上。
- **叠加网络（例如 IP-in-IP、VXLAN）**：这些在云环境中尤其有用，在云环境中，几乎所有数据包都需要通过叠加网络进行传输。
- **RDMA**：这与机器学习、高性能计算（HPC）、其他需要分布式大数据集的任务，以及远程 NVMe 存储相关。
- **具有 I/O 增强的存储协议**：向主机暴露 NVMe 接口，支持直接连接磁盘或远程（虚拟）磁盘。

理论上，这些功能应该与网卡的端口速率无关，但最近市场上出现的 SmartNIC 一般都是有数个 100 GE 端口的 100 Gb/s 设备，也可配置为 25 GE 和 50 GE。

100 Gb/s SmartNIC 的例子有：

- Broadcom BCM58800 - Stingray SmartNIC 和存储控制器 IC，包括 8 个主频为 3.0 GHz 的 ARMv8 Cortex-A72 CPU，3 个内存通道 DDR4-2400[9]；
- Mellanox BlueField 多核系统级芯片（SoC），包括 16 个 ARMv8 A72 核和 2 个 DDR4 内存通道[10]（2019 年推出的 BlueField-2 支持高达 200 Gb/s 的以太网和 InfiniBand 接口）。

8.7　总结

本章中，我们讨论了网卡从简单的数据包传输设备到能够实现分布式服务平台功能的领域专用硬件的演变，并且说明了其中一个主要问题是功耗，而功耗受限于散热。

在下一章中，我们将比较在网卡或网络其他部分中实现功能的优缺点。

8.8　参考文献

[1] Ravi Budruk, "PCI Express Basics," PCI-SIG presentation, 2007-08-21, archived on Wikipedia, https://en.wikipedia.org/wiki/PCI_Express

[2] Zale Schoenborn, "Board Design Guidelines for PCI Express Architecture," 2004, PCI-SIG, pp. 19–21, archived on Wikipedia, https://en.wikipedia.org/wiki/PCI_Express

---

⊖ ARM 通常以 SoC 形式与网卡进行集成。——译者注

[3] Open Compute Project, http://www.opencompute.org

[4] Single Root I/O Virtualization and Sharing, PCI-SIG.

[5] "Faucet: Open source SDN Controller for production networks," https://faucet.nz

[6] VirtIO, https://wiki.libvirt.org/page/Virtio

[7] libvirt, libvirt. https://libvirt.org

[8] Oasis, Open Standards, Open Source, https://www.oasis-open.org

[9] Broadcom, "Stingray SmartNIC Adapters and IC," https://www.broadcom.com/products/ethernet-connectivity/smartnic

[10] Mellanox, "BlueField SmartNIC for Ethernet" https://www.mellanox.com/related-docs/prod_adapter_cards/PB_BlueField_Smart_NIC_ETH.pdf

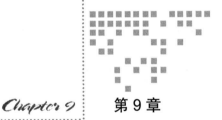

Chapter 9

第 9 章

实现 DS 平台

第 1 章介绍了分布式服务平台的概念。图 1-1（在此重新给出为图 9-1）描绘了实现
分布式服务平台所需组件的宏观视图，其关键组件是放置在服务器、交换机和设备中的
分布式服务节点（DSN），这些节点需要由策略管理器进行统一管理。

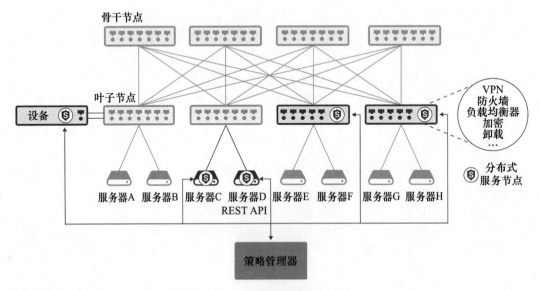

图 9-1 分布式服务平台

本章将详细介绍分布式服务平台的目标，同时还将从服务器的架构（例如虚拟机与

裸机服务器）、兼容现有安装的需求、架构重构的可能性等角度描述相关的一些限制，然后比较企业数据中心架构与公有云架构，最后分析 DSN 的最佳安装位置。

9.1　分布式服务平台目标分析

首先介绍一下分布式服务平台的目标，从前面的章节中看到，通过把 DSN 部署在离应用尽可能近的地方，将服务分布在网络的外围，可以使网络尽可能地简单化，并对服务采用和计算一样的 scale-out 模式。另外，能够在 DSN 内部将多个服务串联在一起，从而避免无用的网络交叉。

本节将分析这种分布式服务架构的具体需求，首先来分析一下分布式服务平台的目标。

9.1.1　服务无处不在

当前，服务实现的复杂性之一是不同的服务由不同的设备在网络的不同地方实现，由于需要将多个服务串联在一起才能构建一个完整的应用，数据包必须通过各种数据包的叠加封装在网络上多次传输（称为转接（tromboning），见 2.7.1 节），这使网络变得复杂。

理想的分布式服务平台使得所有 DSN 中的所有服务都是可用的，这样，服务链就可以在 DSN 内部形成，并且不需要在设备之间重定向数据包来链接多个服务，比如防火墙和负载均衡。

真正的分布式服务平台通过实现本章其余部分描述的其他几个方面，可以近似于理想的分布式服务平台。

9.1.2　扩展性

随着云架构的引入，由于多租户的存在，扩展性已经成为首要需求。云提供商，无论是私有云、公有云还是混合云，都需要为底层网络以及与每个租户相关的所有叠加网络运行 IP 路由。此外，即使租户没有明确要求，不同租户之间也要通过访问控制列表（Access Control List，ACL）进行保护。如果每个租户使用的路由和 ACL 数量适中（比方说最多 1000 个），并需要同时支持 IPv4 和 IPv6，那么一个位于有 100 个租户的服务器上的 DSN 需要为 IPv4 和 IPv6 各自储存 10 万条路由和 10 万个 ACL。如果 DSN 位于处理 40 台服务器聚合流量的交换机或其他设备中，所需要的存储空间会更加庞大，可能需要 400 万条路由和 ACL。对于其他类型服务的扩展，如防火墙、负载均衡和 NAT 等也是如此。在这种情况下，为了支持有状态的服务，除了前面提到的路由和 ACL 规则数量外，DSN 还需要维持一个可以容纳数千万个流的流表。类似的情况也适用于加密，无论是在密钥的数量还是加密隧道的数量方面，都会存在扩展的问题，另外还需要将密钥存储在安全的地方，比如硬件安全模块（Hardware Security Module，HSM）（见 5.8 节）。

9.1.3 速度

企业和云提供商对速度的要求不同，在编写本书时，大多数企业服务器的网络连接速度为 10 Gbps，部分已经开始提高到 25 Gbps，云提供商的服务器大多是 40 ~ 50 Gbps，并在向 100 Gbps 过渡，而骨干链路则是 100 ~ 400 Gbps 不等。

平均数据包长度约为 400 字节的情况下，一个 100 Gbps 的 DSN 的处理速度需要能够达到约 3000 万包 / 秒。这种处理速度必须包括最常见服务的串行执行链，例如接收加密叠加隧道、解密和解封装、应用防火墙规则、路由数据包、将数据包发送到二层目的地。在下一章中将会讲到，这种数量级的性能严格限制了硬件层面的架构选择。另外，当平均流长度约为 1 Mbit，这意味着在网络连接速度为 100 Gbps 时，有状态的流表和所有的遥测设备必须设计成能够支持每秒有 10 万个新流，这将对硬件提出更大的挑战。

9.1.4 低时延

提供低时延服务的需求是必不可少的，在 100 Gbps 的传输速度下，一个 1500 字节的以太网帧的串行时延为 120 ns，光纤内的光速是 2×10^5 km/s，也就是说，一条 100 米的链路的时延为 500 ns。通常，与传输相关的时延应该小于 2 ms，大部分时延与业务和路由 / 桥接相关的数据包处理有关。当多个服务需要同时对一个数据包进行处理，而这些服务又是在不同的设备中实现的时候，时延是由于数据包需要多次穿越网络，以便链接服务，以及转接到专用设备中的瓶颈造成的。

当然，时延越低，整体性能越好，在实际应用中，一个好的目标是尽量实现时延低于 10 ms 的服务链。

9.1.5 低抖动

上一节中讨论了限制"平均"时延的重要性，但不同的数据包会有不同的时延，这种时延变化称为抖动（jitter），它和时延一样关键，特别是对于需要实时通信的应用，如 IP 电话和视频会议等，如果抖动很高，数据包会被重新排序或丢弃，这将表现为应用层的故障。

网络设备制造商很早就意识到了这个问题，他们的硬件设计尽量限制抖动，不会对帧进行重排序。帧的重排序对网络性能影响很大，如 TCP 这样的协议会将数据包重排序与拥塞联系在一起，导致降低其吞吐量。

在网络软件设计中，对抖动的限制不会像硬件中那么重视。8.3 节中讨论的技术，如中断调节和聚合（如 LRO）等技术在试图提高整体吞吐量的同时，却增加了抖动。软件中的数据包处理需要由操作系统来调度，但操作系统的目标是在所有进程之间建立公平性，而不是将抖动最小化。在软件实现中，抖动超过 100 ms 的情况并不少见，这成为性能差的主要因素。

9.1.6 CPU 负载最小化

上一章中提到，现在单线程的性能增长非常缓慢，必须把 CPU 留给用户应用，而不是用于分布式基础设施服务。理想的分布式服务平台不应该占用主机的 CPU，可以将所有的 CPU 周期都专门用于用户应用。

另外一个需要考虑的问题是，通用 CPU 并不是为数据包处理设计的，其硬件架构并不适合常用于数据包处理的操作。基于这个原因，软件实现的 DSN，即使具有超强的灵活性，并且有大量可用内存进行扩展，但是它的性能低、时延高、抖动高，并占用了大量的 CPU。

术语卸载通常用来表示将部分软件处理转移到领域专用硬件架构上，但卸载仍然需要主机软件，会占用主机 CPU。

在笔者看来，一个成功的 DSN 实现应该是自成一体的，对服务器软件没有任何占用，这样可以提供更好的安全性，更有效地控制邻居的影响，并可实现独立的管理域。

服务器软件上"没有占用"，也是对裸机服务器的硬性要求，在这种情况下，不能对服务器上运行的软件做任何假设。

9.1.7 可观察性和故障排除能力

由于网络上每秒都有数十亿个数据包在交换，当出现问题时，要想排除故障是很困难的。传统的方法是由管理站使用 SNMP 等协议和 SSH 连接到网络设备的 CLI，从网络设备中提取信息，但现在这种方法已经不合适了。更为现代化的方法是基于遥测，包括以下几个部分：

- **在路径中进行测量和采集**：100 Gbps 的链路每秒通过 3000 万个数据包的情况下，测量和收集不能依赖路径外的处理器，必须从开始就作为数据路径的组成部分。
- **精确的时间戳**：在路径上需要对数据包打上非常精确的时间戳，在 100 Gbps 的速度下，一个数据包的持续时间不到 500 ns，如果没有几十纳秒精度的全网同步时间戳，就会产生极大的误差。高精度时间协议（PTP）[1] 是解决这个问题的标准方案，但设置比较复杂。斯坦福大学和谷歌公司开发的一种更现代化的方法看起来

很有前途 [2] ⊖。

- **输出**：遥测数据被收集并打上时间戳后，需要将其发往采集器。由于数据量太大，可以对其进行过滤，只将与潜在问题相关的数据进行输出，例如当某项数据超过预定义的阈值时。
- **采集**：遥测采集器必须将所有这些信息存储起来，通常存储在时序数据库中 [3]，后续可以在数据库中对信息做检索和分析。
- **关联和分析**：这是最后一步，将所有的信息关联起来，帮助网络管理员了解网络中发生了什么，并找出可能的瓶颈和故障。

9.1.8 管理系统

没有好的管理，再好的分布式服务平台也会落空。管理必须是基于模型的，也就是说，所有的管理工具、接口和协议都必须从一个共同的模型中派生出来。常用的建模语言有 Swagger[4]、OpenAPI[5] 和 Yang[6]，可以辅助程序生成 RESTful API[7] 和 gRPC[8]/ProtoBuf [9]（见 3.4.1 节和 3.4.2 节）。模型必须放在第一位，API 放在第二位，而剩下的所有工具如 CLI、SNMP 等都必须在 API 层之上。

使用微服务架构来构建分布式管理系统，可以提供更好的扩展性、模块化和高可用性。

管理系统集中地定义策略，并在 DSN 上分布式地实施策略。在简单的场景中，所有的策略都可以推送到各处，但随着 DSN 数量的增长，在策略定义和执行层面，对策略进行分区可能会成为一种必然，例如单独针对某个站点的策略可以在该站点的本地定义，而不需要向其他站点推送。基于这个原因，管理系统必须支持"联邦"的概念，在一个联邦系统中，多个策略管理器一起工作，执行全局和本地策略的组合。

9.1.9 主机模式和网络模式

下一个需要考虑的是管理系统进入 DSN 的入口在哪里，主要有两种模式：主机模式和网络模式。

在主机模式下，通过网卡的 PCIe 接口对 DSN 进行管理，这种模式对 DSN 来说并不是最理想的模式，因为被破坏的主机可能会破坏 DSN，使其安全功能失效。

较理想的模式是网络模式，在这种模式下，DSN 通过安全的网络连接（带内或带外）由受信任的策略管理器管理，这种模式更安全。一般来说，所有的 DSN 实现都可以使用

⊖ 提出了一个软件时钟同步系统 HUYGENS，其关键思想是：首先识别不纯的探针数据，即存在排队时延、随机抖动和 NIC 时间戳噪声的数据；然后利用支持矢量机对净化后的数据进行处理，以准确估计单向传播事件；最后利用自然网络效应（一组组合同步的时钟必然同步传递）来进一步检测和纠正同步误差。——译者注

这种模式，尤其是那些不依赖 PCIe 接口的 DSN。

9.1.10　PCIe 防火墙

为了提高安全性，网卡不仅要支持前述的网络模式，还必须实现 PCIe 防火墙，这是一个类似于内存管理单元（Memory Management Unit，MMU）的硬件结构，通过 PCIe 总线控制对内部网卡资源的访问。这种额外的安全措施在 SR-IOV 的存在下尤为重要，可以保证虚拟机中的每个虚拟网卡只能访问与其虚拟功能（VF，见 8.4 节）相关的资源，有了这个保护措施，在受损虚拟机上运行的恶意软件就无法访问其他虚拟机的网络资源。

9.2　理解制约因素

在设计分布式服务平台时，我们不仅要考虑前面章节中列出的目标，还需要考虑下面几个小节中列出的制约因素。两者综合考虑，才能够决定 DSN 的最佳实现位置。

9.2.1　虚拟化服务器和裸机服务器

通常情况下，虚拟化服务器是以虚拟机的形式向用户分配的。虚拟化或云提供商对 Hypervisor 虚拟层有完全的控制权，包括可以用来托管 DSN 的虚拟交换机，同时，同一个服务器上的虚拟机可以用来运行分布式服务管理和控制协议，其中的一些功能也可以被卸载到硬件上，最大限度地减少服务器 CPU 的占用。人们可能会质疑软件实现的 DSN 的整体性能，但如今这是一种部署解决方案。

在裸机服务器中，情况有所不同，分布式服务在没有对运行的操作系统或应用程序做任何假设的情况下提供。在裸机服务器中，分布式服务提供商不能假设任何事，包括是否存在 Hypervisor 虚拟层，也不能在服务器上运行 DSN 或服务虚拟机，在这种情况下，通过软件来实现 DSN 是不可行的，必须用不占用主机资源的 DSN 提供分布式服务，例如在网卡或交换机中。

9.2.2　绿地和棕地部署

绿地项目（greenfield project）是指没有任何先前工作限制的项目，在云基础设施的绿地安装中，每一个组件都是经过精心选择的，例如可以安装更理想的服务器配置，包括能够支持 DSN 的网卡。一般来说，绿地项目在 DSN 的位置选择上提供了最高的灵活性。

服务器一旦被部署到生产中，就成为棕地（brownfield），其硬件配置通常保持不变，直到服务器退役。因此，如果服务器安装的网卡无法支持 DSN，网卡也不会进行升级。在棕地项目中，对分布式服务平台的改造是通过增加或更换能够支持 DSN 的新网络单元来完成的。

9.2.3　驱动

网卡的软件驱动程序需要安装在操作系统内核中或 Hypervisor 虚拟层中。尽管所有的网卡厂商都为其网卡提供了适用于各种操作系统和 Hypervisor 虚拟的驱动程序，但有时用户更愿意使用已经在操作系统发行版中提供驱动程序的网卡，这样就不需要进行手动安装了。

如果要想被包含在操作系统发行版中，即成为内核驱动程序，就需要将驱动程序提交并合并到社区（提交即 upstreamed，意思是驱动程序合入并成为标准操作系统发行版的一部分），这个过程可能需要一年的时间。通常情况下，提交的驱动只在最新版本的操作系统中可用，这对于运行使用旧内核或定制内核应用程序的传统裸机服务器来说是一个问题。

驱动的可用性会限制网卡的选择，因此也限制了 DSN 的实现位置。

9.2.4　仅用 PCIe 的服务

第 4 章和第 5 章中，我们分析了几种网络和安全服务，这些服务在概念上可以放在云或数据中心网络的任意地方，不过最好将它们放在尽可能靠近用户应用的地方，由于这些分布式服务是用于处理网络数据包的，因此也可以放在服务器之外。

第 6 章中描述的服务（RDMA 和存储）则存在不同的情况，这些服务是与服务器 PCIe 接口紧密耦合的，因此，应该在网卡中实现。例如，RDMA 通过 PCIe 访问服务器的内存，不需要服务器 CPU 的干预，没有 PCIe 连接就无法实现。而对于存储服务来说，情况就稍微灵活一些，其中的一些增值功能，如加密和压缩等，并没有与 PCIe 接口严格绑定。

一般情况下，对于基于 PCIe 的服务，DSN 的最佳实现位置是在网卡中。虽然安全性可在多个地方实现，但在网卡中实现是最理想的：流量可以在网络边缘（或尽可能靠近应用）进行加密和解密，因此在网络的任何部分都不会暴露明文。

9.2.5　功耗预算

功耗预算可能是 DSN 最重要的制约因素，下一章将介绍几种实现 DSN 的硬件选择，功耗和相关的散热因素是关键参数。

第 8 章包含了对网卡的功耗预算的讨论，在标准的 PCIe 插槽中，功率必须限制在 25 W 以内，一些适配器使用两个相邻的 PCIe 插槽，功率能够在 25 ~ 50 W 之间，但这是一个次优的解决方案，在其他一些情况下，如开放计算项目（Open Compute Project，OCP）中是不可行的。

9.3　确定目标用户

分布式服务平台适用于不同类别的用户：云提供商、企业和服务提供商。它们的用例和需求有很大的重叠，但也有不同之处，接下来的小节将会讨论。

9.3.1　企业级数据中心

企业级数据中心虽然潜在的规模非常大，但没有公有云那样的规模，分布式服务平台对他们有吸引力，原因如下：

- 可以通过在各个地方部署更多的防火墙和机会性加密⊖来增加东西向安全性（如果加密是一项免费服务，那就用它吧）。
- 可以通过消除流量转接和相关的叠加封装，简化网络基础设施。
- 类云的基础设施可以很好地与公有云配合使用，并且可以成为混合云。
- 企业对整体解决方案比较感兴趣，其中需要包含策略管理器和用于故障诊断和性能分析的所有遥测工具。
- 可以消除对防火墙和负载均衡器等昂贵独立设备的需求，实现更低的总成本。这种要求在大型数据中心中是真实存在的，在小型边缘数据中心中则是非常重要的，因为独立设备的成本在有限的服务器中分担将会导致成本较高，从而成为主导因素。

企业级解决方案支持的流量虽然很高，但与公有云提供商的流量相比，还是无法相提并论的。

9.3.2　云供应商和服务供应商

云供应商和服务供应商都面临着非常重要的扩展问题，他们需要一个能提供海量路由、ACL、流量、防火墙规则、安全关联等的解决方案。

他们对整体解决方案不感兴趣，因为他们在管理基础设施方面有巨大的投资，需要的是提供可编程 API，如 REST API 和 gRPC 等易于集成的 DSN。通常情况下，这些 API 对他们来说也是不够的，因为他们希望能够将管理代理软件直接集成到 DSN 上，并与底层硬件 API 对接，实现更深层次的集成，因此，DSN 上最好提供运行 Linux 操作系统发

⊖　机会性加密（Opportunistic Encryption，OE）是指当连接到另一个系统时尝试加密通信信道的任何系统，否则会回退到未加密的通信。——译者注

行版的标准处理器。

遥测仍然是至关重要的，云供应商已经有了一些遥测基础设施，他们希望将遥测数据反馈到 DSN 上。

9.4　理解 DSN 实现

本节将介绍 5 种实现 DSN 的方式，从服务器的"内部"开始，逐步远离服务器进入网络。

9.4.1　软件 DSN

一种方案是在主服务器 CPU 上的软件中实现 DSN，在编写本书时，这种方案已经部署在一些企业数据中心，但对于云供应商来说，这种方案并不适用⊖。这种软件解决方案需要有 Hypervisor 虚拟层和虚拟交换机，这种方案不适用于整个服务器专用于一个用户的裸机服务器，因为没有地方运行 DSN。

根据 Hypervisor 虚拟层是公有的还是私有的⊜，有不同的解决方案。例如，对于像 ESXi 这样的私有 Hypervisor 虚拟层，VMware 出售的软件解决方案是 NSX，它包括交换、路由、防火墙和微分段，并提供 SSL 和 IPsec VPN 用于站点间通信。对于开源 Hypervisor 虚拟层，可以扩展虚拟交换机的功能来实现 DSN，但可能会很快变得非常复杂，而且往往需要在内核空间中进行编程和调试。

大多数可用的解决方案都是将编程转移到用户空间，由虚拟机或容器中的软件实现 DSN，当然，这些解决方案依赖于主服务器 CPU 来运行 DSN。

图 9-2 显示了一种可能的布局，一个标准网卡将所有传入的数据包发送到实现 DSN 的虚拟机或容器中，经过适当的处理后，数据包被送到最终目的地（另一个虚拟机或容器），类似的处理也发生在反向路径上。

卸载技术已经被尝试用来提高性能，但效果并不理想，尤其是在时延和抖动方面。

该软件方案可以同时用于虚拟机和容器，能在绿地和棕地场景中部署，可以提供同一服务器上的虚拟机和容器之间的隔离，但从安全的角度来看，如果服务器被破坏，DSN 也有可能被破坏。

下面总结了本方案与本章提出的其他 4 种方案的特点，以供比较：

- **适用性**：绿地和棕地
- **裸机**：不支持

⊖ 云供应商的裸机服务器无法部署 DSN。——译者注
⊜ 即开源和闭源。——译者注

- **性能**：低
- **服务器的占用**：非常高
- **支持 RDMA 和存储**：取决于服务器网卡
- **ToR 上额外的端口**：不需要
- **分布式服务 ToR**：不需要
- **服务器被破坏，安全性受到影响**：是

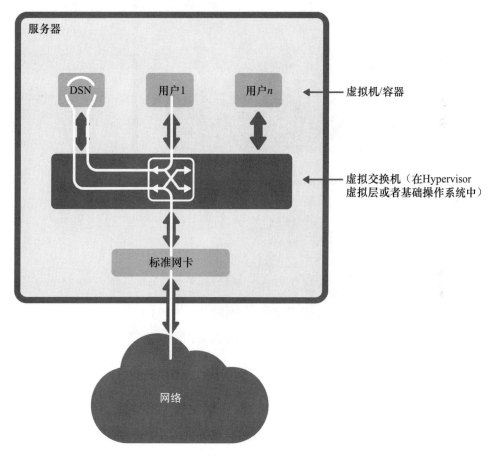

图 9-2　使用经典网卡的服务器

9.4.2　DSN 适配器

将 DSN 放在网卡内的领域专用硬件中是运行虚拟机和容器的高性能服务器的最佳解决方案，尤其是在绿地环境中。这种解决方案的一个例子是 AWS 公司的 Annapurna Nitro 卡 [10]。

这种解决方案不需要 Hypervisor 虚拟层，也不需要软件虚拟交换机，只要裸机服务器上安装的特定操作系统有网卡驱动，就可以用于裸机服务器。

图 9-3 显示了一种常见的布局，其中网卡包含一个完全独立的 DSN，里面有交换机，并使用 SR-IOV 连接虚拟机。

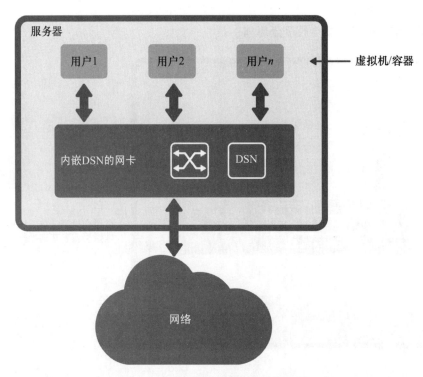

图 9-3　使用支持 DSN 网卡的服务器

该方案可以保证同一服务器上的虚拟机和容器之间的安全隔离，还可以实现 PCIe 防火墙等高级功能。从安全的角度来看，如果服务器被破坏，DSN 会保持其完整性，并继续提供保护。

下面总结了该方案的特点，并与本章提出的其他 4 种方案进行比较：
- **适用性**：绿地
- **裸机**：支持性好，需要驱动
- **性能**：最高
- **服务器的占用**：极少或没有
- **支持 RDMA 和存储**：支持
- **ToR 上额外的端口**：不需要
- **分布式服务 ToR**：不需要

- 服务器被破坏，安全性受到影响：否

9.4.3　DSN bump-in-the-wire 方案

bump-in-the-wire 是一种绿地或棕地环境下的高性能裸机服务器方案，它与前者非常相似，但消除了对网卡驱动的依赖。服务器有两块 PCIe 卡：

- 一块网卡，可以是一个驱动可用性很好的普通型号的网卡。
- 一块 DSN 卡，它是在网卡和 ToR 之间的 bump-in-the-wire，实现所有的分布式服务。

DSN 卡可能是服务器 PCIe 上的"吸电狂魔"。图 9-4 所示为两块卡的可能布局。

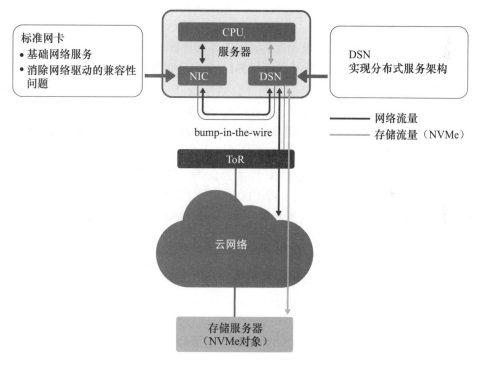

图 9-4　bump-in-the-wire

与前一种情况一样，从安全的角度来看，如果服务器被破坏了，DSN 会保持其完整性，并继续提供保护。

下面总结了该方案与本章中提出的其他 4 种方案的特点，以供比较：

- **适用性**：绿地，棕地也可能
- **裸机**：最佳支持，不受驱动程序可用性的影响
- **性能**：最高

- **服务器的占用**：极少或没有
- **支持 RDMA 和存储**：支持
- **ToR 上额外的端口**：不需要
- **分布式服务 ToR**：不需要
- **服务器被破坏，安全性受到影响**：否

9.4.4　交换机中的 DSN

软件 DSN 和 DSN 适配器方案中，DSN 在服务器中；bump-in-the-wire 方案中，DSN 在服务器和 ToR 之间的线上；本方案中，DSN 在 ToR 中。从概念上讲，这种方案与 bump-in-the-wire 方案完全相同，唯一的区别是 DSN 连接在线上的位置，在技术上有两个区别：

- 由 ToR 来提供 DSN 的供电和散热，而不是服务器。
- 没有连接 PCIe 接口，因此不支持 RDMA 和存储服务。

这种解决方案将 DSN 和 ToR 交换机（也称为 Leaf 交换机）整合在一个框里，多个 DSN ASIC 可以存在于 DS 交换机中，并在机架上的服务器之间共享。这种解决方案可以降低总成本，特别是对于企业级应用来说，由于流量没有公有云中的流量那么大，因此可能不需要为每台服务器配置一个专用的 DSN。

图 9-5 显示了由商用交换芯片 ASIC 和 4 个 DSN ASIC 构建的 DS 交换机的布局。

请注意，从管理和遥测的角度来看，这种方案并没有什么变化，仍然有一个策略管理器可以在任意一个方案中工作，并且支持在同一网络中混合不同的实现。

为了在同一服务器中实现跨虚拟机和容器的安全，服务器网卡应该部署 SR-IOV，并将所有的流量发送至 DS 交换机。每个虚拟机或容器可以显式标记，例如通过添加 VLAN 标签，也可以通过其源 MAC 进行隐式标记。

请注意，该解决方案不需要使用 VXLAN 封装，因为 ToR 中的 DSN 与服务器处于同一个二层域中。

下面总结了本方案与本章提出的其他 4 种方案的特点，以供比较：

- **适用性**：棕地和绿地
- **裸机**：最佳支持，不受驱动程序可用性的影响
- **性能**：高
- **服务器的占用**：极少到没有
- **支持 RDMA 和存储**：不支持
- **ToR 上额外的端口**：不需要
- **分布式服务 ToR**：是
- **服务器被破坏，安全性受到影响**：否

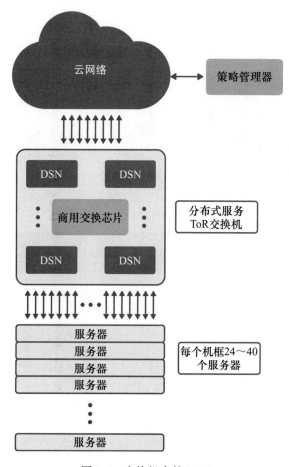

图 9-5　交换机中的 DSN

9.4.5　设备中的 DSN

通过 100 Gbps 以太网链路连接到 ToR 交换机的设备包含 DSN。这个方案是前一个方案的变体，但更多的是针对不希望更换 ToR 交换机的棕地部署，并且 ToR 交换机有额外的以太网端口可用，如图 9-6 所示。

总结该方案的特点，并与本章提出的其他 4 种方案进行比较：

- **适用性**：棕地和绿地
- **裸机**：最佳支持，不受驱动程序可用性的影响
- **性能**：中
- **服务器的占用**：极少到没有
- **支持 RDMA 和存储**：不支持

- **ToR 上额外的端口**：需要
- **分布式服务 ToR**：不需要
- **服务器被破坏，安全性受到影响**：否

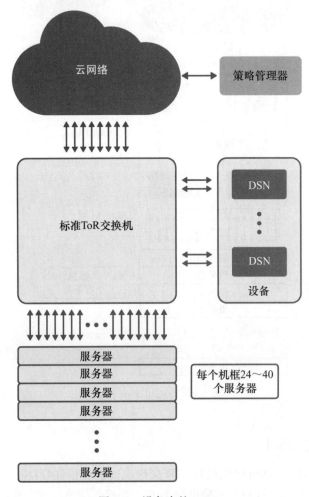

图 9-6 设备中的 DSN

9.5 总结

在本章中，我们对分布式服务平台的目标、约束条件、目标用户以及可能的实现方式进行了分析。我们看到，DSN 可以在主服务器 CPU 的软件上实现，也可以通过硬件实现。在第二种情况下，我们假设 DSN 的硬件可以托管在网卡上，作为 bump-in-the-wire，

也可以托管在 ToR 交换机中，或者是连接 ToR 交换机的设备上。表 9-1 总结了 5 种可能的 DSN 实现方式。

表 9-1　DSN 可能的实现方式

	软件 DSN	DSN 适配器	DSN bump-in-the-wire	交换机中的 DSN	设备中的 DSN
适用性	绿地 棕地	绿地	绿地 棕地也可能	棕地 绿地	棕地 绿地
裸机	不支持	支持性好，需要驱动	最佳支持，不受驱动可用性的影响	最佳支持，不受驱动可用性的影响	最佳支持，不受驱动可用性的影响
性能	低	最高	最高	高	中
服务器的占用	非常高	极少到没有	极少到没有	极少到没有	极少到没有
支持 RDMA 和存储	取决于服务器网卡	是	是	否	否
需要 ToR 上的额外端口	否	否	否	否	是
需要分布式服务 ToR	否	否	否	是	否
服务器被破坏，安全性受到影响	是	否	否	否	否

在下一章中，我们将对 DSN 的硬件架构进行分析。

9.6　参考文献

[1] IEEE 1588-2008, IEEE Standard for a Precision Clock Synchronization Protocol for Networked Measurement and Control Systems. https://standards.ieee.org/standard/1588-2008.html

[2] Yilong Geng, Shiyu Liu, Zi Yin, Ashish Naik, Balaji Prabhakar, Mendel Rosunblum, and Amin Vahdat, 2018. Exploiting a natural network effect for scalable, fine-grained clock synchronization. In Proceedings of the 15th USENIX Conference on Networked Systems Design and Implementation (NSDI '18). USENIX Association, Berkeley, CA, USA, 81–94.

[3] Bader, Andreas & Kopp, Oliver & Falkenthal, Michael. (2017). Survey and Comparison of Open Source Time Series Databases. https://www.researchgate.net/publication/ 315838456_Survey_and_Comparison_of_Open_Source_Time_Series_Databases

[4] Roy Thomas Fielding, "Chapter 5: Representational State Transfer (REST)." Architectural Styles and the Design of Network based Software Architectures (Ph.D.). University of California, Irvine, 2000.

[5] Swagger, https://swagger.io

[6] Open API, https://www.openapis.org

[7] M.Bjorklund, Ed., "YANG, A Data Modeling Language for the Network Configuration Protocol (NETCONF)," RFC 6020, DOI 10.17487/RFC6020, October 2010.

[8] gRPC, https://grpc.io

[9] Protocol Buffers, https://developers.google.com/protocolbuffers

[10] Simon Sharwood, "Amazon reveals 'Nitro'… Custom ASICs and boxes that do grunt work so EC2 hosts can just run instances," The Register, 29 Nov 2017, https://www.theregister. co.uk/2017/11/29/aws_reveals_nitro_architecture_bare_metal_ec2_guard_duty_security_tool

第 10 章 *Chapter 10*

DSN 硬件架构

本章将根据上一章设定的目标和约束条件，分析几种适合于 DSN 完全不同的硬件架构。我们要回答"什么是 DSN 的最佳硬件架构？"这个问题，必须知道理想的 DSN 应该是一个完全自包含的单元，不占用服务器资源，在数据平面、控制平面和管理平面上都是可编程的，并且能够以低时延和低抖动在线速下执行。

控制平面和管理平面的可编程性不重要，因为它们不是数据密集型的。所有的 DSN 都包含了一些 CPU 核来执行控制协议和管理接口，通常通过 ARM 来实现[⊖]。

如今，100 Gbps 以上的数据平面可编程性仍然非常少见，因为可编程性很难在硬件中实现。第 11 章中描述的 P4 架构解决了这个问题。

10.1 DSN 的主要组成部分

先来介绍一下构建 DSN 可能需要的一些潜在构件，以下的顺序并不代表任何优先级的含义：

- **2×100 Gbps 到 2×200 Gbps 和 2×400 Gbps 以太网端口**：实现 bump-in-the-wire，或将服务器双连到两个 ToR 交换机或两个独立的网络等，都至少需要 2 个端口。最好是支持四电平脉冲幅度调制（Pulse-Amplitude Modulation 4-Level, PAM-4）标准 [1]，以便更好地利用 25 Gbps 和 50 Gbps 的端口。

⊖ ARM 便宜且功耗低，非常适合集成在 DSN 硬件中，实现控制和管理功能。——译者注

- **1×1 Gbps 以太网管理端口**：我们在上一章中看到，对于管理系统与 DSN 间的通信，带内或者带外的网络模式是首选的、最安全的，大部分用户希望将管理平面作为一个独立的网络运行在带外。专用的管理端口可以实现这个目标。

- **PCIe Gen 3 和 Gen 4**：在 8.1 节中，我们讨论了 4 个 Gen 3 通道如何支持 25 Gb/s 以太网连接，8 个通道支持 50 Gb/s 以太网，16 个通道支持 100 Gb/s 以太网，而这些带宽数据在 Gen 4 中翻了一倍。如果 PCIe 仅限于配置和管理，2 个通道就足够了；如果用户数据需要通过 PCIe 传递给以太网端口，就需要适当的通道数，通常是 16 或 32 个。

- **内部交换机**：内部二层交换机的最低要求是能够实现 SR-IOV。内部交换机是 DSN 的中心点，功能要复杂得多，包括三层、ACL、防火墙、NAT、负载均衡等。最终的目标是有一个数据平面完全可编程的交换机，允许用户添加专有功能或封装。

- **SR-IOV 逻辑端口（见 8.4 节）**：需要支持足够数量的物理功能（PF）和虚拟功能（VF）。一个合理的实现可能支持 4 个 PF、每个 PF 支持 256 个 VF，总共 1024 个 VF。每个 VF 和 PF 都是内部交换机上的独立逻辑端口。

- **内存**：DSN 需要内存来存储状态、数据和程序。例如，状态存储在表中，其中最大的是流表。流表条目包含多个字段，包括报文字段和遥测及其他辅助功能相关的各种计数器、定时器。假设一个流表大小为 128 字节，那就需要 2 GB 的内存来存储 1600 万个流表。考虑到全部的数据和程序存储需求，内存大小在 4 GB 到 16 GB 之间是比较合理的。

- **缓存**：需要某种形式的回写缓存，以缓冲内部电路的高速和内存的低速。从理论的角度来确定缓存的大小是不可能的，缓存越大越好，一般是几 MB。

- **片上网络**：这里列出的所有组件都需要通信和共享存储器，这就是片上网络（Network On Chip，NOC）的主要作用，NOC 可以选择性地保证芯片上不同存储器之间的缓存一致性。

- **特殊功能的专用硬件**：即使在数据平面上有最好的可编程性，有些功能也最好在专用的硬件架构中执行，包括加密和压缩。

- **RDMA 和存储支持**：在第 6 章中，我们讨论了 RDMA 和存储如何利用特殊的硬件基础设施来高速移动数据，而不给主服务器 CPU 带来负担。如果需要这些服务，DSN 需要在硬件中实现。

- **各种辅助接口**：这些是用于初始化和故障诊断的低速接口，如串行、USB 和 I2C 等。

- **NVRAM 接口**：需要连接 NVRAM 来存储 DSN 的软件镜像和其他静态数据。

- **嵌入式 CPU 核**：这是运行控制和管理平面所需要的。

10.2　识别硅的工艺甜点

　　DSN 设计的挑战之一是确定"硅的工艺甜点"，即确定一个具有合理成本、能提供高速服务的硅面积，并有与需求实现相适应的功耗。这个面积有多大，能容纳多少逻辑功能，取决于制造中使用的硅工艺技术。

　　选择合适的技术非常重要，成本依赖于硅面积、门数、时钟频率、功耗等。图 10-1 显示了这些因素的相互依赖关系，同时也说明了领域专用硬件的最终性能不仅取决于门数，还取决于选择的硬件架构，这也是从 10.3 节开始，本章的主要内容。

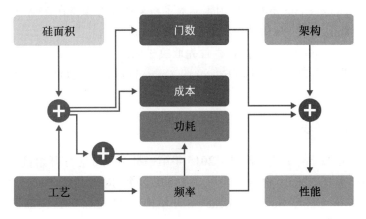

图 10-1　硅设计中的主要考虑因素

　　工艺技术一般是按照晶体管沟道长度来划分的。表 10-1 按出现年份汇总了集成电路（IC）的制造工艺[2]。

表 10-1　集成电路制造工艺

年份	2001	2004	2006	2007	2010	2012	2014	2017	2018
制造工艺	130 nm	90 nm	65 nm	45 nm	32 nm	22 nm	16/14 nm①	10 nm	7 nm

　　① 14 nm 和 16 nm 本质上是相同的工艺，本章中称为 16 nm。

在撰写本书时，用于构建大多数 ASIC 的两种工艺为 16 nm 和 7 nm。

当评估一种新工艺时，必须仔细考虑几个组件，其中包括：

- **串行器/解串器（Serializer/Deserializer，SerDes）**：这是用于芯片中高速输入和输出数据非常关键的组件，例如位于以太网 MAC 和 PCIe 通道底部的组件。在以太网方面，有两个非常理想的新兴标准是 PAM-4 56G 和 PAM-4 112G[1]。也需要支持 PCIe Gen 3 和 Gen 4，就市场趋势而言，很快就会需要 Gen 5。

- **内存接口**：这也是面向外部存储的高速连接。需要支持的理想标准是 DDR4、DDR5 和 HBM[⊖]。
- **CPU**：所有新的 ASIC 都包含某种形式的通用处理器，通常使用 ARM 系列的处理器。频率、架构、缓存大小和其他参数取决于制造工艺。
- **其他逻辑架构**：包括如 TCAM 的可用性等，TCAM 用于最长前缀匹配或五元组 ACL 规则。
- **第三方知识产权（Intellectual Property，IP）的可用性**：包括包含加密和压缩模块的库等。

功耗问题仍然是一个重要的考虑因素，为了将功耗预算保持在 25W 左右（这是 PCIe 插槽的要求），16 nm 和 7 nm 的硅面积甜点为 200 mm² 左右。

这个面积能装下多少逻辑和内存，首先取决于沟道长度，也取决于选择哪种设计方法。一般来说，采用客户自有工具（Customer-Owned Tooling，COT）产生的硅面积较小，但功耗不一定低。

10.2.1 16 nm 工艺

16 nm 工艺是 22 nm 工艺的改进，2015 年第一批 16 nm 芯片开始量产并出现在产品中。例如，2015 年的 MacBook 开始使用 i7-5557U 英特尔处理器，Galaxy S6 开始使用片上系统（System on Chip，SoC），iPhone 6S 开始使用 A9 芯片，这些都是采用 16 nm 工艺制造的 [2]。

100 Gbps 的以太网接口已经开始与 PCI Gen 3 和 Gen 4 配套使用。存储接口一般是 DDR3、DDR4 和 HBM。很多模块库的可用性已经非常成熟，A72 架构的 ARM 处理器可以很容易集成 1.6 ～ 2.2 GHz 的时钟频率。

16 nm 技术可以使每平方毫米达到约 3500 万个晶体管 [3]，比之前的 22 nm 技术提高了 2.5 倍。当考虑到这些时：

- 至少需要四个晶体管才能构建一个 NAND 栅极
- 由于位置、布线和其他技术上的考虑，不是所有的晶体管都可以使用
- 门需要伴随着一定量的存储器才能产生有用的电路

其结果是采用 16 nm 工艺在每平方毫米内可以封装 200 万到 400 万个门或 4 Mbit 到 8 Mbit 的 RAM，或两者的组合。

⊖ High Bandwidth Memory，高带宽存储器，是超微半导体和 SK Hynix 发起的一种基于 3D 堆栈工艺的高性能 DRAM，适用于高存储器带宽需求的应用场合，如图形处理器、网络交换及转发设备等。——译者注

10.2.2　7 nm 工艺

16 nm 演进到 7 nm 工艺的最大挑战在于光刻技术领域，尤其是在制造工艺的第二部分，称为后道工序（Back End Of Line，BEOL），即晶体管通过金属化层互联。

2018 年，业界推出了首批 7 nm 的器件，分别是苹果 A12 Bionic[4] 和华为麒麟 980[5]。它们的晶体管密度均为每平方毫米约 8300 万个晶体管，而在英特尔公司的报道中，密度最高可达每平方毫米 1 亿个晶体管[3]。因此，7 nm 工艺可以封装的门或存储器位数是 16 nm 工艺的 2～3 倍。

以太网接口一般采用 PAM-4 56G 和 PAM-4 112G 实现 100/200/400 Gbps。除了之前提到的内存接口外，DDR5 和 HBM2 也是可用的，还有 PCIe Gen 5。在撰写本书时，库的可用性正在迅速成熟，A72 架构的 ARM 处理器可以轻松集成高达 3.0 GHz 的时钟频率。

总的来说，使用 7 nm 工艺可以设计出功耗为 16 nm 工艺一半的器件，或者在同样的功耗下提供 2 到 3 倍的性能。

10.3　选择架构

图 10-1 显示了领域专用硬件的最终性能与门数和使用门构建的架构的关系。前面的章节解释了门数和架构的可用性，接下来我们将讨论哪种架构是分布式服务和领域专用硬件的最佳架构。

图 10-2 说明了三大可能的架构：众核 CPU、FPGA 和 ASIC。图中还展示了另一种有趣的技术——P4，P4 在 ASIC 架构中增加了数据平面可编程性。第 11 章介绍了 P4 架构和相关的语言。

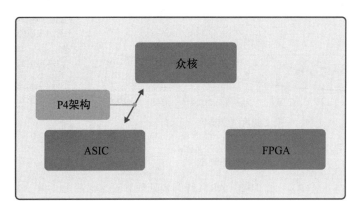

图 10-2　DSN的可能架构

10.4 众核 CPU

在 DSN 内部使用有限数量的 CPU 核，来实现控制和管理协议以及其他辅助功能的想法，已经被业界广泛接受和部署。本节不讨论这个问题，而是分析 CPU 核在数据平面中的使用，主要是对进入 DSN 的每一个数据包进行解析、修改、丢弃或转发，基本思路是将所有的硅面积都用于尽可能多的处理器上，并结合硬线、非可编程的网卡。常见的处理器选择是 ARM[6] 或 MIPS[7] 内核和相关的缓存。

众核 CPU 架构的明显优势是易于编程，例如这些处理器可以运行标准的 Linux 发行版，也可以用任何可能的语言进行编程。所有在通用 CPU 上编写和故障排除软件的工具都是现成的，而且很多程序员都熟悉这些工具。这种方案对来自软件界的开发人员来说非常有吸引力，但也有很大的性能缺陷。

本章以 ARM A72 内核[8] 为基础进行讨论，这是一款应用广泛的处理器。性能测量针对的是 4 个 ARM A72 内核和相关的缓存存储器的组合体。这个组合体的大小约为 1700 万门和 20 Mbit 的 RAM。

基于前几节中介绍的工艺甜点，16 nm 工艺 200 mm² 的芯片上大概可以装下 8 个这样的组合体，总共 32 个 2.2 GHz 频率的处理器。

图 10-3 表明，对于包大小平均为 256 字节的流，1 GHz 下标准化的 ARM A72 将处理大约 0.5 Gbps 的带宽[9]，将其乘以 32 核和 2.2 GHz，总带宽为 35 Gbps，显然与单个 100 Gbps 以太网链路所需的处理能力相差甚远。

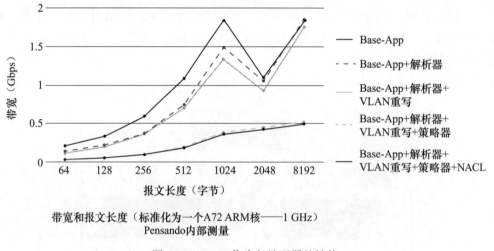

带宽和报文长度（标准化为一个A72 ARM核——1 GHz）
Pensando内部测量

图 10-3　ARM 作为包处理器的性能

采用 7 nm 工艺可以封装 96 个 3 GHz 的 ARM 核，这应该足够处理一条 100 Gbps 的链路，但肯定不能处理多个 200/400 Gbps 的链路。

这些数字的另一种思考方式是，一个 ARM 核在 1 GHz 下，最多每 1.5 个时钟周期就能执行一条指令，也就是每秒 666 M 条指令。在 100 Gbps 的平均包长 256 字节的情况下，可以传输 45 Mpps，相当于每个核对于每个包有 14.8 条指令的预算。假设 32 个 3 GHz 的核，每个包的预算是 1420 条指令，则这个预算不足以编程数据平面，进行解析、封装、转发和提供服务。这个分析还是非常乐观的，因为它完全忽略了内存带宽的限制，而只关注了 CPU。

还有两个因素更为关键：时延和抖动。我们之前讨论过一个目标，即 DSN 引入的最大时延为几微秒，抖动小于 1 微秒并尽可能接近于零。

通用处理器在作为包处理器使用时，并不擅长将时延和抖动最小化。它们运行标准的操作系统，使用标准的调度器，目标是最大限度地提高吞吐量。通用处理器试图用中断调节等技术来限制上下文切换，而中断调节等技术显然会增加抖动。

所有在 4.2.4 节中讨论过的关于使用或绕过内核的问题都存在，但现在它们被嵌入领域专用硬件设备中，而不是在主服务器 CPU 上。

以毫秒为单位的抖动和时延并不少见，这比我们的目标差三个数量级。只要打开一个终端窗口，输入 ping google.com 就可以了。作者在消费者家庭连接上得到的平均时延为 15 毫秒，抖动为 2 毫秒。时延和抖动为毫秒的 DSN 是无法使用的。

为了将抖动和时延降到最低，可以将操作系统从处理器中移除，取而代之的是一种大家熟悉的大循环技术（Big Loop Technology，BLT），在这种技术中，一个单一的代码循环从接口中取出数据包并进行处理。BLT 减少了时延和抖动，但却否定了使用通用处理器的一些优点：熟悉的工具链、调试和故障排除工具不再起作用。所有的操作系统库都已经不复存在，仍然安全的是可以用 C 语言等高级语言编程。

还应该提到的是，ARM 有更适合 BLT 的内核 [10]，这种内核不支持更高级的功能，如虚拟化（BLT 不需要），但数据包处理能力大致相同，而且体积更小，大约是 A72 内核的一半。因此，可以用两个核来代替 A72，将包处理速度提高一倍。

综上所述，众核方案并不能满足 100 Gbps 以上的速度：众核方案不能充分利用硅面积，并且在吞吐量、时延和抖动方面效果较差。

10.5　理解 FPGA

FPGA[11] 是一种集成电路，在制造出来后可以通过编程来执行特定的功能。FPGA 已经出现了很多年，在最初的设计中只是一个带有可编程互联的门阵列。系统设计人员可以使用 CAD 工具开发编程文件，定义门之间的互联，然后将文件下载到 FPGA 中，这样 FPGA 就能够执行想要的功能。

FPGA 具有完美的可编程性，可以通过下载新的配置文件来完全重新编程。不幸的是，这种可编程性是有代价的：与 ASIC 相比，FPGA 的密度较小，功耗较高。更多的内容将在后面介绍。

传统的 FPGA 并没有对构建 DSN 进行优化，虽然有数字信号处理器等构建模块，但对 DSN 并不适用，而且 FPGA 缺乏如以太网 MAC 和 PCIe 这样的标准模块，这给获得高速稳定的器件带来了困难。

最近，FPGA 的规模和复杂度越来越大，现在已经有了片上系统版本。这些是硬功能和软功能的组合。硬功能的例子有 ARM 内核复合体、PCIe 接口、PAM-4 以太网接口和 DDR4 存储器接口等 [12]。软功能的部分是可编程的部分，一般用逻辑元素（Logical Element，LE）和自适应逻辑模块（Adaptive Logic Module，ALM）的数量来表示。

LE 又称逻辑单元，是一个四输入逻辑块，包含一个可编程的查找表（Look Up Table，LUT），LUT 基本上是一个四输入真值表和一个触发器 flip-flop（一个存储位）。

ALM 是一个比较复杂的元件，它最多支持 8 个输入、8 个输出、2 个组合逻辑单元、2 个或 4 个寄存器、2 个全加器、1 个进位链、1 个寄存器链和 LUT 掩码。ALM 可以实现比 LE 更复杂的逻辑功能。

以 Intel Agilex AGF 008 为例 [13]，它是一款包含 764 640 个 LE、25.92 万个 ALM、DDR4 接口、24×PAM-4、四核 64 位 ARM Cortex-A53 等的 SoC。

这些功能都是很有价值的，但正如我们已经提到的，最明显的缺点是功耗高、成本高。一项关于 FPGA 和 ASIC 的功耗研究（2007 年）显示，FPGA 和 ASIC 的功耗比在 7.1 到 14 之间，也就是大约一个数量级。FPGA 在进步，但 ASIC 也在进步，典型的 FPGA 的功耗高达 100 W，而有些的功耗可以达到 215 W [15]，这离目标 25 W 的 DSN 还差很多。

成本对于小批量生产来说并不重要，但对于大批量生产来说就变得至关重要，这也是 ASIC 的优势所在。

但是，FPGA 还有另一个不太为人理解的根本问题：可编程性[⊖]。可编程性这个词通常与按顺序执行指令的处理器有关，这些指令是用 C 语言等高级编程语言编写的软件程序的组成部分。FPGA 是可编程的，但与传统的处理器不同，FPGA 使用硬件描述语言（Hardware Description Language，HDL）进行编程。最常见的两种 HDL 是 VHDL 和 Verilog。HDL 描述的是硬件结构，而不是软件程序。VHDL 和 Verilog 都有一种类似于 C 语言的友好语法，可能会让使用者以为是在写 C 语言程序，但事实并非如此。软件程序由一系列的操作组成，而 HDL 代码描述的是逻辑块的相互连接以及每个块所执行的功能。HDL 代码是硬件结构，而不是软件程序。

假设你用 C 语言写了两个软件函数并想在主程序中使用，非常简单：从主程序中

⊖ 这里指的是编程的友好性。——译者注

调用它们。现在考虑这样的情况：你在 Verilog 中编码了两个硬件结构，在 FPGA 上分别成功地测试了，然后想把它们合并到同一个 FPGA 中，这并不容易。你需要重新设计一个手动合并的结构，因为 HDL 没有可合并的语义！我们来看一个更具体的例子：两个硬件结构来解析两个网络协议。每个硬件结构都有自己的包解析器，但在合并后的结构中，FPGA 只需要解析一次帧，所以需要手动合并两个解析器。

FPGA 需要对硬件电路和数字逻辑的工作原理有深刻的理解，仅仅要求软件工程师编写 Verilog 程序，希望获得梦幻般的性能、高利用率和低功耗是不现实的。

FPGA 在许多应用中都是很好的器件，但在作者看来，FPGA 并不是 DSN 的合适实现方式。

10.6　使用 ASIC

专用集成电路（Application-Specific Integrated Circuit，ASIC）是为特定目的设计的集成电路，而不是通用器件。计算机辅助设计（Computer-Aided Design，CAD）工具用于创建和模拟想要的功能，并制作出制造集成电路所需的全套光刻掩膜。DSN 的实现只考虑全定制设计的 ASIC，即使有更便宜的方案用于更简单的应用也不考虑[16]。全定制工艺需要有一个有能力的硬件和 ASIC 工程师团队，以及一次性工程费用（Non-Recurring Engineering，NRE），对于 16 nm 和 7 nm 技术来说，一次性工程费用会达数百万美元。

额外的优势是能够从库中集成完全验证的组件，例如模拟组件、微处理器内核、加密模块和最先进的 SerDes。

ASIC 是高性能网络、存储和安全设备最佳解决方案的证据非常多：所有的路由器、交换机和网卡都是使用 ASIC 构建的；没有一个成功的网络交换机在数据平面上使用众核或 FPGA[⊖]。

ASIC 一直被诟病功能死板，不如 FPGA 灵活。一个新功能的推出需要新一代的 ASIC，更新周期可能是个问题，但更新周期的长短主要取决于 ASIC 团队的质量和决心：作者见过 ASIC 解决方案的发展速度比 FPGA 快，但也见过 ASIC 设计停滞不前。

在用 ASIC 实现 DSN 的具体案例中，ASIC 是包括处理器在内的 SoC。ASIC 实现的 DSN 是在管理平面和控制平面中实现功能的软件，提供了所有理想的灵活性。数据平面也需要有 ASIC 架构的灵活性，可以在不需要重新定义 ASIC 的情况下增加新的功能或修改现有功能。下一章将讨论的 P4 架构在这里起着至关重要的作用，因为 P4 提供了可编程的数据平面。

　　⊖　数据中心中使用众核和 FPGA 的案例也比较多。——译者注

ASIC 是合理利用芯片的最佳解决方案，生产出的 DSN 具有：

- 面积小、晶体管密度高、晶体管利用率高；
- 量产时，每片芯片成本较低，且一次性工程费用被分摊了；
- 每秒钟处理数据包的性能最佳；
- 已知并限制在低值的数据包时延；
- 最小的数据包抖动；
- 最低的功耗。

10.7 确定 DSN 的功耗

为了比较上述的所有这些架构，有人提出了一个标准，那就是衡量一个 DSN 处理一个数据包需要多少能量，单位为纳焦耳。焦耳是国际单位制中的派生能量单位[19]。1 焦耳等于 1 安培的电流通过 1 欧姆的电阻 1 秒时，以热的形式耗散的能量。根据这个定义，我们可以将 DSN 按照每包纳焦耳或每秒每包纳瓦进行分类。网络设备的性能一般以 pps（packet per second，每秒的数据包）表示，所以本书采用的是纳瓦 /pps，这与纳焦耳 / 每包每秒的性能相同。

在 10.4 节中，我们看到，ARM A72 在 1 GHz 下标准化后将处理大约半 Gbps 的带宽。在 16 nm 制程下，4 个 ARM 核在 2.2 GHz 下的组合体大约消耗 2.9 瓦，处理 0.5 Gbps × 4 × 2.2=4.4 Gbps。平均包长为 256 字节（加上 24 字节的以太网包间间隔、前导码和 CRC）或 2240 比特，相当于 1.96 Mpps，因此平均功耗为 1480 纳瓦 /pps。使用 7 nm 制程，4 个主频 3 GHz 四核的功耗约为 12.4 瓦，处理 0.5 Gbps × 16 × 3=24 Gbps，相当于 10.7 Mpps，相当于 1159 纳瓦 /pps。

在 10.6 节中，我们没有讨论 DSN ASIC 的功耗，但第 8 章介绍过几种现代网卡和智能网卡，它们的功耗在 25 瓦到 35 瓦之间，并在 ASIC 中实现了某种形式的 100 Gbps 的 DSN，相当于 45 Mpps（100 Gbps 或 2240 比特 / 包），功耗为 560 到 780 纳瓦 /pps。这也取决于技术的不同，在 16 nm 的情况下，功耗在 780 纳瓦 /pps 左右很常见；在 7 nm 的情况下，功耗应该是这个数字的一半，目标是 390 纳瓦 /pps，但可能更现实的是 500 纳瓦 /pps。

在 10.5 节中，我们讨论了 FPGA 平均功耗是 ASIC 的四倍，约为 2000 纳瓦 /pps。在 FPGA 中实现 100 Gbps 或 45 Mpps 的功耗为 100 瓦，即 2222 纳瓦 /pps，似乎也证实了这一点。表 10-2 试图对结果进行总结，这些结果是定性的，在不同的实现方式中存在着显著的差异。

表 10-2　DSN 功耗

100 Gbps 的 DSN	每包功耗[①]（纳瓦 /pps 或纳焦耳）
ARM A72 主频 2.2 GHz，16 nm	1480
ARM A72 主频 3.0 GHz，7 nm	1159
ASIC，16 nm	780
ASIC，7 nm	500
FPGA	2000

① 每包 256 字节。

10.8　确定内存需求

　　不管采用哪种解决方案，DSN 都需要大量的内存，用来缓冲数据包，存储防火墙、负载均衡、NAT 和遥测使用的流表，并存储控制和管理平面的代码。一个 DSN 可能需要几千兆字节的内存，而这些大量的内存只能以动态 RAM（Dynamic RAM，DRAM）的形式出现。

　　DRAM 的速度也很关键，通常以每秒百万事务量（Mega Transactions per second，MT/s）或每秒千兆字节（GB/s）来表示。例如，一个 DDR4-1600 的并行度为 64 位可以做到 1600 MT/s，相当于 12.8 GB/s。这些数字是传输速率，也称为突发速率，但由于信息在 DRAM 内部的存储方式，只有一小部分的带宽是可以持续使用的。根据应用和读写的使用情况，有报告称其利用率在 65% 到 85% 之间。在关键情况下，对于随机 64 字节的读写，利用率可以降到 30%，这是在三级缓存 CPU 核上运行典型负载观察到的。

　　DRAM 可以有几种形式，如下文所述。

10.8.1　主机内存

　　主机内存是一些网卡采用的经济型方案，其优点是主机内存丰富，价格相对便宜。主要缺点如下：

- 访问时间较长，因此性能较低，因为访问主机内存需要遍历 PCIe 复合体。
- 存在对主机资源的占用，因为 DSN 所使用的内存是主服务器 CPU 不能使用的，而且还需要在操作系统或 Hypervisor 管理层中使用特定的驱动程序。
- 安全性不能保证，因为一旦主机被入侵，内存就会暴露出来。在作者看来，主机内存由于安全原因并不能作为 DSN 的可行方案。

10.8.2 外部 DRAM

DSN 可以集成内存控制器，使用 DDR4、DDR5 和 GDDR6 形式的外部 DRAM。这种方案提供了比主机内存方案更高的带宽，成本可能稍微高一些，但能以非常高的性能承载海量的转发表和 RDMA 上下文。

DDR4 以 64 位并行度，可从 DDR-4-1600（1600 MT/s，12.8 GB/s 突发速率）到 DDR-4-3200（3200 MT/s，25.6 GB/s 突发速率）[17]。

DDR5 具有相同的 64 位并行性，支持 DDR-5-4400（4400 MT/s，35.2 GB/s 突发速率）。2018 年 11 月，SK Hynix 宣布完成 DDR5-5200（5200 MT/s，41.6 GB/s 突发速率）[18]。截至本书成稿时，DDR5 仍在开发中⊖。

GDDR6 最初是为显卡设计的，它也可以用于 DSN。GDDR6 的每个引脚带宽高达 16 Gbps，并行度为 2×16 位，总带宽最高可达 64 GB/s。在撰写本书时，GDDR6 还在开发中。如果采用外部 DRAM，还可以部署两个或更多的控制器，从而进一步增加可用带宽。

10.8.3 片上 DRAM

ASIC 无法集成 DSN 需要的所有 DRAM。当 ASIC 需要大量高带宽的 DRAM 时，一个解决方案是使用硅中介层，在同一封装中插入一个称为高带宽内存（High-Bandwidth Memory，HBM）的存储器芯片。图 10-4 显示了这种配置[20]。

现在的 HBM 有两个版本：HBM-1 的最大带宽为 128 GB/s，HBM-2 的最大带宽为 307 GB/s。

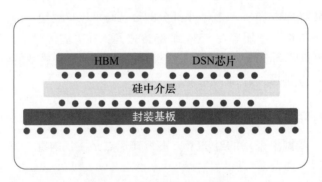

图 10-4 高带宽内存（HBM）

10.8.4 内存带宽需求

需要多少内存带宽是值得商榷的。前面所有的方案都需要通过片上缓存来补充，从

⊖ 本书中文版出版前的 2020 年 7 月，JEDEC 协会正式公布了 DDR5 标准。——译者注

而利用数据流的时序性来降低平均时延。

对于不使用 DRAM 作为包缓冲区的直通式解决方案，对内存带宽的要求并不高。例如 25 Mpps 速率下每个数据包以 64 字节的速度进行 10 次表查找，等于 $25 \times 10 \times 64$ 百万，为 16 GB/s，所有的外部 DRAM 方案都足够了。

如果包需要存储在 DRAM 中，以 100 Gbps 的速度处理，意味着 100 Gbps 的写和 100 Gbps 的读，相当于 25 GB/s，加上表查找带宽，总共 40 GB/s ～ 50 GB/s。这些解决方案可能需要两个 DDR5 或 HBM-2 通道。

10.9　总结

本章讨论了 DSN 会在 SoC 中使用 CPU 内核（通常是 ARM）通过软件实现控制平面和管理平面。

DSN 数据平面的实现方式则不同。在众核 CPU 的方法中，需要使用更多的 CPU 核在软件中实现数据平面（而效率和性能不高）。在 ASIC 方法中，为了实现数据平面的效率和性能的最大化，采用硬件结构实现数据平面。在 FPGA 方式中，数据平面用可编程结构实现，其效率先天就比 ASIC 方式低。

对于 DSN 来说，数据平面是最关键的部件，唯一可以接受的实现方式就是 ASIC。下一章将介绍 P4 架构，该架构为 ASIC 数据平面增加了运行时可编程性。

10.10　参考文献

[1] Intel, "AN 835: PAM4 Signaling Fundamentals," 2019.03.12, https://www.intel.com/content/dam/www/programmable/us/en/pdfs/literature/an/an835.pdf

[2] Wikipedia, "14 nanometers," https://en.wikipedia.org/wiki/14_nanometer

[3] Rachel Courtland, "Intel Now Packs 100 Million Transistors in Each Square Millimeter," IEEE Spectrum, 30 Mar 2017. https://spectrum.ieee.org/nano-clast/semiconductors/processors/intel-now-packs-100-million-transistors-in-each-square-millimeter

[4] Apple A12 Bionic - HiSilicon, WikiChip.org, https://en.wikichip.org/wiki/apple/ax/a12

[5] Kirin 980 - HiSilicon, WikiChip.org, https://en.wikichip.org/wiki/hisilicon/kirin/980

[6] ARM Ltd., https://www.arm.com

[7] MIPS, https://www.mips.com

[8] Wikipedia, "ARM Cortex-A72," https://en.wikipedia.org/wiki/ARM_Cortex-A72

[9] Pensando, Private communication.

[10] ARM developers, "Arm Cortex-R Series Processors," https://developer.arm.com/ip-products/processors/cortex-r

[11] Wikipedia, "Field-programmable gate array," https://en.wikipedia.org/wiki/Field-programmable_gate

[12] Intel AGILEX FPGAs and SOCs, https://www.intel.com/content/www/us/en/products/programmable/fpga/agilex.html

[13] https://www.intel.com/content/dam/www/programmable/us/en/pdfs/literature/pt/intel-agilex-f-series-product-table.pdf

[14] I. Kuon and J. Rose, "Measuring the gap between FPGAs and ASICs," in IEEE Transactions on Computer-Aided Design of Integrated Circuits and Systems (TCAD), 2007.

[15] Intel FPGA Programmable Acceleration Card (PAC) D5005, Product Brief, https://www.intel.com/content/www/us/en/programmable/documentation/cvl1520030638800.html

[16] Wikipedia, "Application-specific integrated circuit," https://en.wikipedia.org/wiki/Application-specific_integrated_circuit

[17] Wikipedia, "DDR4 SDRAM," https://en.wikipedia.org/wiki/DDR4_SDRAM

[18] TechQuila, "SK Hynix Develops First 16 Gb DDR5-5200 Memory Chip," https://www.techquila.co.in/sk-hynix-develops-first-16-gb-ddr5-5200-memory-chip

[19] Wikipedia, "Joule," https://en.wikipedia.org/wiki/Joule

[20] Wikipedia, "High-Bandwidth Memory," https://en.wikipedia.org/wiki/High_Bandwidth_Memory

第 11 章　Chapter 11

P4 领域专用语言

在之前的章节，我们解释了为什么 ASIC 架构最适合实现 DSN，ASCI 适用于处理数据量极大的密集型数据，但可编程的能力差。我们期望增加数据平面的可编程性，P4 架构将帮助我们达到这个目标。

协议无关包处理器（Programming Protocol-independent Packet Processor，P4）架构正式定义了网络设备的数据平面行为，同时支持可编程的网络设备和固定功能的网络设备，该想法源于 SDN 和 OpenFlow（见 4.2.1 节），并在 2013 年首次发布 [1-2]。

2015 年 3 月，P4 语言联盟成立 [3]，发布了 P4 语言规范 1.0.2 版本。2015 年 6 月，Nick McKeown 教授在斯坦福大学举办了第一次 P4 研讨会，随后 P4 又得到进一步发展，现在 P4 项目由开放网络基金会主持 [4]，P4 规范和所有贡献的代码主要在 Apache 2.0 许可下授权。

P4 弥补了 ASIC 架构中数据平面可编程性方面的缺失，其优点包括以下几个方面：

- 容易增加对新协议的支持；
- 可以删除未使用的特性，释放出相关的资源，从而降低复杂性，并且能够为已使用的特性重新分配资源；
- 可以在现有硬件上更快地推出更新；
- 可以提供更好的网络可视性；
- 允许实现专有功能，从而保护知识产权，这一点对于公有云提供商等大型用户来说至关重要。

P4 程序可以指定 DSN 里的交换机如何处理数据包，除了那些需要专用硬件结构的服务之外，本书中描述的大部分服务都可以实现，例如加密。

P4 规范的第一个版本称为 P4-14，它有一些明显的限制，针对的是具有类似图 11-1 所示架构的网络设备。

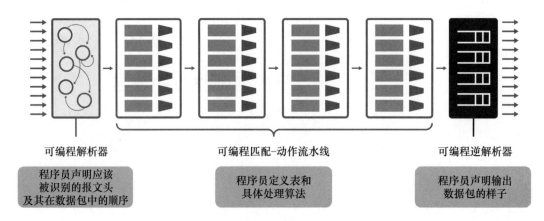

图 11-1　P4 14 版本网络设备示例

该设备有三个主要组件：

- **可编程解析器**：这个组件很重要，因为 P4 没有任何预定义的数据包格式。可编程解析器包含了一个状态机，交换机指定识别哪种数据包格式，一般来说，每个协议都有一个状态。在每个状态中，解析器会提取一些特定于协议的信息，用于流水线的其他部分。一个典型的例子是解析以太网帧，然后作为 EtherType 的函数，解析 IPv4 报文头或 IPv6 报文头以提取源 IP 地址和目的 IP 地址。可编程解析器可以在流水线中提取和添加多个报文头。

- **可编程匹配 – 动作流水线**：之前提取的报文头是一系列匹配 – 动作表的输入，匹配 – 动作表可以修改这些报文头，当报文头通过流水线的时候，它们可以携带在前一个流水线阶段产生的元数据信息，该匹配 – 动作流水线还可以在数据包中添加新的报文头。

- **可编程逆解析器**：它接收所有的报文头，然后用报文头后面的有效载荷构造输出数据包，并将其序列化到目标端口。

元数据跟随报文头通过流水线。元数据有两种：标准元数据和用户自定义元数据。标准元数据包含输入端口、数据包长度和时间戳等字段；用户自定义元数据可以包括与数据包相关的虚拟路由和转发（Virtual Routing and Forwarding，VRF），这些元数据可以来自流水线前一阶段的表查询。

最常见的情况是，数据包进入 P4 流水线，通过 P4 流水线，修改后的数据包退出流水线。当然，数据包也有可能被丢弃，比如由于 ACL 的原因。其他的特殊操作，如"克隆"一个数据包并将其发送到交换端口分析器端口（Switched Port Analyzer，SPAN），复制数据包并进行组播，以及"再循环"（recircle）一个数据包，再循环的原因通常是由于数据包处理的复杂性，不能一次将数据包处理完全，必须在输入端将当前流水线中的数据包重新注入才能进一步处理，不过再循环会降低转发性能。

11.1　P4-16 版本

2017 年 5 月发布了 P4 的 P4-16，包含了对上一个版本的重大改进，P4 被扩展到针对具有不同架构的多个可编程设备。如图 11-2 所示，P4 由两部分组成：虚线上方是所有 P4 实现的通用概念，虚线下方是特定于架构的定义和组件。

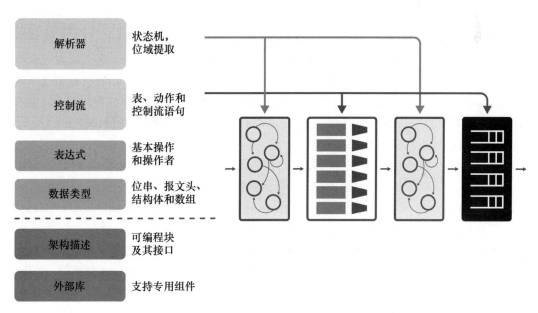

图 11-2　P4 语言组件

P4-16 版本引入了以下概念 [5]：
- **架构**：一组 P4 可编程组件以及它们之间的数据平面接口。架构是对底层设备的抽象，是 P4 程序员对设备数据平面的思考方式。
- **目标**：一个能够执行 P4 程序的数据包处理系统。一般来说，它是硬件设备，但 P4-16 版本也支持 OVS 等软件交换机。

P4-16 版本的主要组件有：
- **P4 编程语言**：P4 程序指定网络设备数据平面的各种可编程块如何编程和连接，

P4 程序没有任何预先固化的数据包格式或协议知识，P4 程序表达了可编程网络转发元件的数据平面如何处理数据包。

- **可移植交换架构（Portable Switch Architecture，PSA）**：描述网络设备多个接口间处理和转发数据包的标准能力。
- **P4Runtime API**：控制平面规范，用于控制由 P4 程序定义或描述的设备数据平面元件。
- **带内网络遥测（In-band Network Telemetry，INT）**：关于数据包在网络中传输时收集遥测数据技术的草案。

11.2 使用 P4 语言

P4 语言 [5] 是一种领域专用语言（Domain-Specific Language，DSL），以实现高性能硬件为目标。当前，网络设备每秒处理数以亿计的数据包，只有在 DSL 和领域专用硬件之间存在功能耦合的情况下，可编程基础设施才能实现这一目标。P4 语言有些概念如表查询（table lookup），与硬件的表查询相匹配，但为了保持性能的可预测性，表查询也不能被多次调用。为了提高硬件的处理性能，P4 语言一般采用固定大小的数据结构。

P4 语言的核心元素如图 11-2 所示：

- **解析器**：用于定义 P4 程序所接受的数据包格式的状态机。解析器是 P4 语言允许循环的一个地方，因为很多报文头可能需要提取或重新组装。
- **控制流**：定义了一个匹配 - 动作表的有向无环图（Directed Acyclic Graph，DAG）。术语 DAG 表示禁止循环的 if-then-else 程序结构。
- **表达式**：解析器和控制流使用表达式来编写。表达式包括布尔、位域运算符的标准表达式；比较、整数的简单运算、条件运算符；集的运算；报文头的运算；等等。
- **数据类型**：P4 是一种静态类型化的语言。支持的数据类型有 void、error、boolean、定长位串、有符号整数、用于描述表查找实现的 match_ 类型等。构造函数可以应用于这些基本的数据类型，从而派生出更复杂的数据类型。构造函数的例子有 header、struct、tuple、extern 和 parser。
- **架构描述**：这是对网络设备架构的描述。它标识了 P4 可编程的块，例如有多少个解析器、逆解析器、匹配 - 动作流水线以及它们之间的关系，通常用于适配硬件差异，如网卡和数据中心交换机之间的差异。P4 语言与架构无关，由硬件厂商定义架构。
- **外部对象**：架构提供的对象和功能。P4 程序可以调用由外部对象和函数实现的服务。外部结构描述了一个对象向数据平面暴露的接口。外部对象的例子有 CRC 函数、ECMP 的随机选择器、时间戳和定时器。

硬件厂商提供的 P4 编译器可以为 P4 硬件生成二进制配置文件，这些二进制文件对 P4 设备的资源进行分配和分区。这些资源可以在运行时通过 P4Runtime API 来操作，该 API 允许添加和删除表项、读取计数器、读取程序表、注入和接收控制数据包等。

11.3　了解可移植交换架构

目前已经开发出了几种 P4 架构，并已开源。P4 语言联盟开发了可移植交换架构（Portable Switch Architecture，PSA）[6]，这是一个独立于厂商的设计，定义了网络交换机处理和转发多个接口间的数据包的标准能力。PSA 建立了一个"类型库"，为计数器、测量表和寄存器等的构造提供了外部接口，以及一组"数据包路径"，使 P4 程序员能够为网络交换机编写 P4 程序。

PSA 由 6 个可编程的 P4 程序块和 2 个固定功能块组成，如图 11-3 所示。

从左至右，前三块是"入口流水线"，后面是固定的数据包缓存和复制功能块，然后是出口流水线，后面是固定的缓存排队引擎功能块。

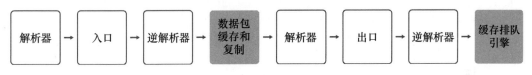

图 11-3　PSA

入口流水线和出口流水线对数据包进行解析和验证，将数据包传递给匹配 – 动作流水线，然后再传递给逆解析器。在入口流水线之后，可选择地将数据包进行复制（如用于组播）并存储在数据包缓存中。在出口流水线之后，数据包会排队离开流水线。

这个架构自带 API、模板、报文头、元数据和准则，旨在最大限度地提高 P4 代码的可移植性。

11.4　P4 示例

学习 P4 最好的方法是使用 GitHub P4 教程仓库[7]，读者可以在那里找到用来入门 P4 编程的练习，基于 VirtualBox 的仿真环境，以及可以运行自己代码的 Vagrant。

本节包含了对"基本转发"练习的简单描述，该练习使用了一个简单的 P4 架构，称为 V1 模型架构，如图 11-4 所示。

列表 11-1 有几页代码，包含了基于 V1 模型架构的交换机必需的转发代码。它首先定义了两个报文头：以太网报文头和 IPv4 报文头，然后按照 V1 模型架构，从左至右定义了提取以太网（`ethernet_t`）报文头和 IPv4（`ipv4_t`）报文头的解析器。

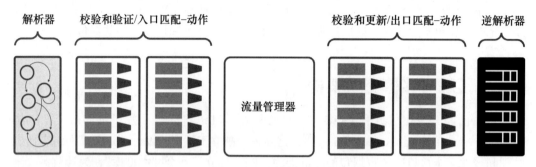

解析器　　校验和验证/入口匹配-动作　　　　　　　　　　　　校验和更新/出口匹配-动作　　逆解析器

流量管理器

图 11-4　V1 模型架构

P4 示例如下。

```
/* -*- P4_16 -*- */
#include <core.p4>
#include <v1model.p4>

const bit<16> TYPE_IPV4 = 0x800;
/****************** HEADERS ************************/
typedef bit<9>  egressSpec_t;
typedef bit<48> macAddr_t;
typedef  bit<32> ip4Addr_t;
header ethernet_t {
    macAddr_t dstAddr;
    macAddr_t srcAddr;
    bit<16>
    etherType;
}

header ipv4_t {
    bit<4>    version;
    bit<4>    ihl;
    bit<8>    diffserv;
    bit<16>   totalLen;
    bit<16>   identification;
    bit<3>    flags;
    bit<13>   fragOffset;
    bit<8>    ttl;
    bit<8>    protocol;
```

```
    bit<16>   hdrChecksum;
    ip4Addr_t srcAddr;
    ip4Addr_t dstAddr;
}

struct metadata {
    /* empty */
}

struct headers {
    ethernet_t  ethernet;
    ipv4_t      ipv4;
}

/***************** PARSER ***********************/

parser MyParser(packet_in packet,
                out headers hdr,
                inout metadata meta,
                inout standard_metadata_t standard_metadata) {

    state start {
        transition parse_ethernet;
    }

    state parse_ethernet {
        packet.extract(hdr.ethernet);
        transition select(hdr.ethernet.etherType)
            { TYPE_IPV4: parse_ipv4;
            default: accept;
            }
    }

    state parse_ipv4 {
        packet.extract(hdr.ipv4);
        transition accept;
    }

}

/******** CHECKSUM VERIFICATION *********/
```

```
control MyVerifyChecksum(inout headers hdr, inout metadata meta) {
    apply { }
}

/*********** INGRESS PROCESSING **************/
control MyIngress(inout headers hdr,
                  inout metadata meta,
                  inout standard_metadata_t standard_metadata) {
    action drop() {
        mark_to_drop(standard_metadata);
    }

    action ipv4_forward(macAddr_t dstAddr, egressSpec_t port) {
        standard_metadata.egress_spec = port;
        hdr.ethernet.srcAddr = hdr.ethernet.dstAddr;
        hdr.ethernet.dstAddr = dstAddr;
        hdr.ipv4.ttl = hdr.ipv4.ttl - 1;
    }

    table ipv4_lpm {
    key = {
        hdr.ipv4.dstAddr: lpm;
    }
    actions = {
        ipv4_forward;
        drop;
        NoAction;
    }
        size = 1024;
        default_action = drop();
    }

    apply {
        if (hdr.ipv4.isValid()) {
            ipv4_lpm.apply();
        }
    }
}

/*********** EGRESS PROCESSING **************/

control MyEgress(inout headers hdr,
```

```
                    inout metadata meta,
                    inout standard_metadata_t standard_metadata) {
    apply { }
}

/********* CHECKSUM COMPUTATION **********/

control MyComputeChecksum(inout headers hdr, inout metadata meta) {
    apply {
    update_checksum(
        hdr.ipv4.isValid(),
          { hdr.ipv4.version,
          hdr.ipv4.ihl,
            hdr.ipv4.diffserv,
            hdr.ipv4.totalLen,
            hdr.ipv4.identification,
              hdr.ipv4.flags,
              hdr.ipv4.fragOffset,
              hdr.ipv4.ttl,
              hdr.ipv4.protocol,
              hdr.ipv4.srcAddr,
              hdr.ipv4.dstAddr },
            hdr.ipv4.hdrChecksum,
            HashAlgorithm.csum16);
    }
}

/***************** DEPARSER *********************/

control MyDeparser(packet_out packet, in headers hdr) {
    apply {
        packet.emit(hdr.ethernet);
        packet.emit(hdr.ipv4);
    }
}

/***************** SWITCH **********************/

V1Switch(
MyParser(),
MyVerifyChecksum(),
```

```
MyIngress(),
MyEgress(),
MyComputeChecksum(),
MyDeparser()
) main;
```

下一个块是校验和验证，然后是入口处理。这个示例中没有指定流量管理器，接下来的两个块是出口处理及校验和计算，最后是逆解析器终止处理。

V1 架构的定义在本例开始时包含的 v1model.p4[8] 中。这个 V1 架构包含一个构造数据包 V1Switch<H, M>，其中列出了 V1 架构中的块，列表末尾的 V1Switch() 将 P4 语句绑定到架构中定义的 6 个块。

从这个示例中可以看出，每个 P4 程序必须准确地遵循所编写的架构，编译器将 P4 程序的每一段代码和配置翻译成体系结构上相应的块。

11.5 实现 P4Runtime API

P4Runtime API[9] 是 "P4 的控制平面规范，用于控制由 P4 程序定义或描述的设备数据平面元件"，P4Runtime API 被设计为结合 P4 16 版本一起实现。

P4Runtime 的主要特点有：
- P4 对象（表和值集）的运行时控制；
- PSA 外部对象的运行时控制，如计数器、测量值和动作配置文件；
- 通过扩展机制，运行时控制特定架构（非 PSA）的外部对象；
- 提供来自控制平面控制报文的 I/O。

其语法遵循 Protobuf 格式[10]，客户端和服务器使用 gRPC[11] 进行通信，这与 Protobuf 完全匹配（见 3.4.2 节）。

图 11-5 显示了一个复杂的解决方案，其中三个不同的服务器控制 P4 流水线：两个远程和一个设备本地内嵌式。对于目标 P4 流水线来说，嵌入式的 P4Runtime 客户端和远程的 P4Runtime 客户端没有区别。

远程和嵌入式控制的通信都在 gRPC 上进行，即在 TCP socket 上，因此，控制平面无论是在本地还是在远端，对数据平面来说都是一样的。

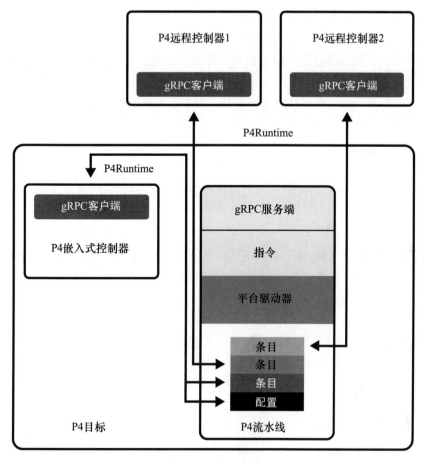

图 11-5　P4Runtime

11.6　理解 P4 INT

在 P4 INT[12] 中，P4 设备被指示向它处理的每个数据包添加元数据信息，例如时间戳、设备 ID 和队列 ID。这些元数据在 P4 INT 报文头中携带，报文头可以是逐跳（hop-by-hop）或端到端（end-to-end）的，P4 INT 并没有指定数据包中 INT 报文头的位置⊖。

INT 报文头中的信息有助于回答以下问题：

● 数据包走的是哪条路径？

⊖ INT 实现一般是源交换机在镜像报文中封装 INT 报文头，并添加 INT Metadata，中间交换机根据上一台设备的 INT Metadata 添加本设备的 INT Metadata 信息，最后一台设备将报文中的路径信息上报给监控服务器。——译者注

- 数据包在每个设备上排队多久了？
- 哪些流与我的数据包共享了队列？

毫无疑问，在网络设备之间缺乏精确时钟同步的情况下，P4 INT 也可以帮助我们很好地了解数据包的传播过程，但其缺点是需要在数据包中增加额外的报文头信息，网络中不同的实体需要能够解析这些额外的信息，当不能解析时，有可能影响设备的处理。

11.7 扩展 P4

P4 是一个好的开始，它可以利用一些扩展，以更适合 DSN 的实现。

11.7.1 可移植网卡架构

可移植网卡架构（Portable NIC Architecture，PNA）相当于网卡架构的 PSA。P4 架构工作组已经讨论过，但在撰写本书时，还没有最终的提案。

为了能够对网卡进行建模，一个重要的补充是需要有能够通过 PCIe 总线将数据转移到主机内存中的 DMA 引擎，DMA 引擎应该能够灵活地通过分散点和收集列表从内存中的数据组装数据包，还应该有门铃机制来连接主机上的驱动程序。如果网卡需要支持 RDMA 和存储，DMA 引擎也是至关重要的。

PNA 的可用性对于支持 DSN 实现的网卡来说是必不可少的。

11.7.2 语言可组合性

语言可组合性（language composability）可能是一个被过度使用的术语，一般来说，它指的是一种设计原则，在这种设计原则中，组件可以很容易地选择和组装成各种组合，而不需要为实现特定的功能集做修改。从这方面讲，P4 不是一种可组合的语言，它类似于 Verilog，严格来说与硬件架构有关，合并两个 P4 的功能需要手工处理，这可能需要大量的重写。

目前，在这个方向上存在一些初步的尝试。例如，Mario Baldi 在 Cisco Systems 公司的工作 [13] 就是可组合性的具体案例，因为它允许程序员不需要访问现有的 P4 编码就可以在数据平面中添加功能，但新功能必须适合现有程序。

在最一般的情况下，应该期望能够组合相互独立编写的功能，程序员应该能够添加或删除功能，而不需要重写现有的 P4 代码。

P4 语言设计工作组过去曾讨论过这个问题，但没有讨论出解决方案。

11.7.3　更好的编程和开发工具

如果 P4 要走向成功，就需要大量的程序员掌握设计、编写、编译、调试和配置 P4 程序的方法。

P4 社区提供了一个"阿尔法级别的参考编译器"，支持 4 个标准的后端，每个硬件厂商都负责为其架构添加自己的后端。不幸的是，硬件架构塑造了 P4 程序的编写方式，也限制了 P4 程序的可移植性。如果我们想解决"语言可组合性"方面的问题，后端需要变得更加复杂，才能够合并多个程序，并能够在流水线上重新分配功能和资源。这些要求似乎为 P4 链接器和加载器指明了方向，这也将允许一些程序不以源代码的形式泄露，以保护知识产权。

在编译 P4 程序后，要理解它在实际硬件上的行为可能会非常复杂，因此，一个好的调试和分析工具是必需的。

11.8　总结

在本章中，我们回顾了 P4 架构，它为 ASIC 提供了运行时数据平面可编程性，是一种针对网络设备的领域专用架构。

在编写本书时（2019 年），商用的 P4 产品已经开始上市，例如 Barefoot Networks（最近被英特尔收购 [15]）的 Tofino 交换机 [14]。

P4 语言作为一种有价值的方法，为网络设备制造商或大型企业（如云计算提供商）使用程序指定数据平面的功能。本章也讨论了 P4 语言不是一种可组合的语言，如果不能消除这一障碍，那么对于小公司或个人程序员来说，将很难为 P4 网络设备添加或删除功能。

11.9　参考文献

[1] P. Bosshart, G. Gibb, H.-S. Kim, G. Varghese, N. McKeown, M. Izzard, F. Mujica, and M. Horowitz, "Forwarding metamorphosis: Fast programmable match-action processing in hardware for SDN," in ACM SIGCOMM, 2013.

[2] Pat Bosshart, Dan Daly, Glen Gibb, Martin Izzard, Nick McKeown, Jennifer Rexford, Cole Schlesinger, Dan Talayco, Amin Vahdat, George Varghese, and David Walker. 2014. P4: programming protocol-independent packet processors. SIGCOMM Comput. Commun. Rev. 44, 3 (July 2014), 87–95.

[3] P4 Language Consortium, https://p4.org

[4] The Open Networking Foundation (ONF), "P4," https://www.opennetworking.org/p4

[5] P4 16 Language Specification version 1.1.0, The P4 Language Consortium, 2018-11-30, https://p4.org/p4-spec/docs/P4-16-v1.1.0-spec.pdf

[6] P4 16 Portable Switch Architecture (PSA) Version 1.1, The P4.org Architecture Working Group, November 22, 2018, https://p4.org/p4-spec/docs/PSA-v1.1.0.pdf

[7] P4 Tutorial, https://github.com/p4lang/tutorials

[8] Barefoot Networks, Inc., "P4 v1.0 switch model," https://github.com/p4lang/p4c/blob/master/p4include/v1model.p4

[9] P4Runtime Specification, version 1.0.0, The P4.org API Working Group, 2019-01-29, https://s3-us-west-2.amazonaws.com/p4runtime/docs/v1.0.0/P4Runtime-Spec.pdf

[10] Protocol Buffers, https://developers.google.com/protocol-buffers

[11] gRPC, https://grpc.io

[12] Inband Network Telemetry (INT) Dataplane Specification, working draft, The P4.org Application Working Group, 2018-08-17, https://github.com/p4lang/p4-applications/blob/master/docs/INT.pdf

[13] Mario Baldi, "Demo at the P4 workshop 2019," May 2019, Stanford University.

[14] Barefoot Networks, "Tofino: World's fastest P4-programmable Ethernet switch ASICs," https://barefootnetworks.com/products/brief-tofino

[15] https://newsroom.intel.com/editorials/intel-acquire-barefoot-networks

第 12 章　Chapter 12

分布式平台的管理架构

与集中式系统相比，分布式系统提供了更好的弹性、规模优势和故障域定位手段，然而，如何协同管理大量分布式的 DSN 具有挑战性。一个架构先进的管理控制平面，不仅能够使管理简单化，还能够提供系统的宏观视图和集群视图，为系统配置提供直观的用户概念抽象，为基础架构运营提供相关的信息展示，并能从长期收集的大量数据中提取有意义的信息，这些都可以简化系统的管理。基于全局观的系统设计可以使信息的操作和汇聚更加容易，同时又能隐藏一些不需要的细节信息。管理控制平面可以从相关性中得出信息，同时为高效运营基础设施服务提供更好的可视化。

图 12-1 描述了分布式管理控制平面的组件。为了确保弹性和扩展性，DSN 管理系统应该实现为运行在多个"控制节点"上的分布式应用程序。

如图 12-1 所示，DSN 是通过网络管理的，每个 DSN 通过 IP 网络与管理平面进行通信。从网络上管理 DSN 类似于公有云中基础设施的管理方式，将基础设施的消费者与基础设施本身分离开。

本章将介绍分布式管理服务控制平面的架构组成，最后结合分布式管理控制平面的各种概念，提出一种架构。

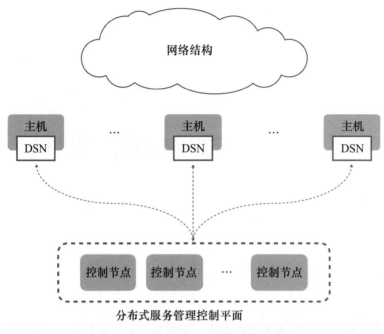

图 12-1　分布式服务管理控制平面

12.1　管理控制平面的结构特征

如果管理控制平面采用类似现代多层可扩展分布式应用的架构进行构建，那么它将继承这类应用的所有优点。虽然可扩展性、可组合性、高可用性等优点很诱人，但同时分布式应用所带来的调试、分布式、同步等方面的问题可能会变得很复杂、很费时。如果想要将其简化，则需要屏蔽底层的复杂性，特别是对于需要管理和协调多个 DSN 的集群式服务来说，更是如此。

应对这些挑战的架构方案是提供一种能够轻松承受因规模、分布式、网络分区和可操作性而产生复杂问题的解决方案，该系统应该允许用户以声明的方式指定意图，并使用一组微服务来构建，这组微服务应该是一种可扩展的云原生应用，不仅可以在企业内部署，还可以在任意公有云微服务平台上部署。微服务架构可以提供许多好处，例如去中心化、可扩展性、升级、弹性和独立性等，也可以避免应用设计中的常见陷阱。一般来说，如果一个微服务服务于某项业务功能，那么它应该对用户提供一套清晰的 API，并且提供更简单的实现。因此，自上而下的方法（即由业务功能驱动 API 和功能抽象）比起自下而上的方法（即把工程设计暴露出来成为业务功能）是更可取的。

虽然在分布式服务平台的语境中，服务这个词可能会让人产生混淆，本章使用业务功能（business function）这个词，是指分布式服务平台真正作为基础架构服务提供的东西，而服务这个词可以指实现业务功能的微服务。

12.2　声明式配置

声明式配置模型允许用户指定意图，系统则尽力实现用户的意图。这种抽象为用户提供了一种更简单的配置模型，因为系统不断努力地使现实更符合期望的意图。相反，命令式配置模型在向用户返回成功或失败之前会立即执行操作。当系统规模发展到成千上万个 DSN 时，一些动态加入和离开系统的 DSN 就无法准确地实现命令式配置模型。声明式配置模型的优点如下：

- 系统自动进行资源跟踪以实现策略的实例化，而不是让用户轮询资源的可用性。
- 系统可以进行策略优化并将策略分配到可用的 DSN。
- 可以忽略对外部依赖关系的跟踪，如工作负载的出现和消失、与生态系统合作伙伴的整合等。
- 故障处理的自动化，如网络断网、分区、故障发生后的协调等，并正在向零接触配置管理的方向发展。
- 安排系统的优化，如基于事件进行升级和监测。

这些优点使用户更容易使用系统，反过来，系统提供了对于指定意图实例化状态的完全可见性。图 12-2 描述了事件监视器的机制，这是实现调节回路的关键概念[⊖]。

声明式配置模型更适合规模化的通用资源系统，例如 DSN 上的软件类可扩展资源。由于没有刚性的限制或专门的资源要求，因此只要不存在连接问题，控制平面就可以合理地保证配置策略的实例化，即使连接断开后再重新连接，系统也可以成功地实现所需的意图。实现声明式配置的架构需要对任意可接受的配置进行前期验证，包括语法、语义、认证、授权和关系验证等。系统的期望是：一旦意图被配置到系统中，就不需要再让用户修改[⊜]。在成功配置之后，保存和执行配置就成了系统的责任。系统服务监控用户的配置变化，并运行调节回路来实例化最新的意图。

声明式配置很容易备份和恢复，因为意图本质上与配置的顺序无关，这就为用户提供了一种更简单的方式来描述、复制、备份和修改配置。在声明式配置中实现事务性语义也确保意图可以一起完成多个对象，而不是将单个 API 对象配置到系统中。

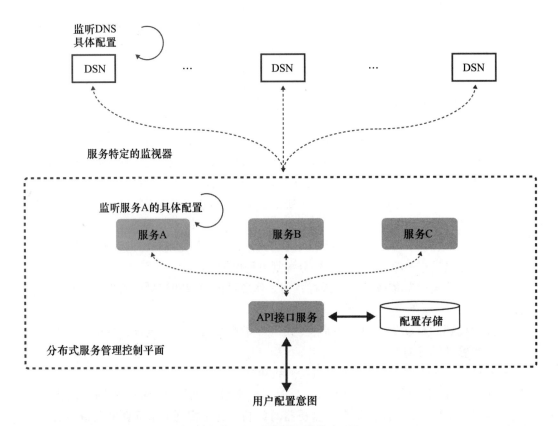

图 12-2　声明性配置的实现

12.3　用云原生的理念构建分布式控制平面

　　云原生应用具有可移植性、模块化、通过 API 声明、可扩展性、策略驱动等特点，最重要的一点是其可移植性使得在私有云和公有云之间的迁移非常容易。云原生计算基金会（Cloud Native Computing Foundation, CNCF）[1] 是 Linux 基金会下的一个管理机构，为众多开源项目提供管理服务，帮助开发者构建云原生应用。云原生应用是可移植的，因为它们是在基础设施资源标准化的前提下实现的。云原生应用通常是作为无状态应用构建的，因此很容易自动扩展⊖。云原生应用基于功能组件边界构建，这些功能组件使用向后兼容的 API 进行交互，因此很容易独立升级。云原生生态系统提供了大量的框架和工具来构建、操作和运行此类应用，同时，活跃的开源社区和在许多产品中的广泛使用，

　　⊖　有的情况下也作为有状态应用构建。——译者注

使得将管理系统构建成云原生应用更加切实可行。本节的其余部分将讨论与分布式服务管理控制平面相关的云原生概念的适用性。

云原生应用总是通过容器化的应用来构建[⊖]，以实现应用封装与底层操作系统的解耦。容器化允许开发者用自己选择的语言构建应用程序，无论是 Golang、Rust、C++、Python，还是尚未开发的新语言，都可以用来构建。容器化的应用可以在微服务编排架构平台上运行，比如 Kubernetes[2]，以管理应用的生命周期。容器化的好处是众所周知的，比如可以使用 Docker[3]，以及微服务平台，如 Kubernetes 或 Mesos[4] 等（见第 3 章）。将应用程序构建成一组容器化的微服务，一个明显的好处是加快了功能的交付速度，同时利用成熟的开源软件来运行、升级和扩展。

云原生应用程序使用 REST API 或 RPC 框架相互通信（参见 3.4.1 节和 3.4.2 节）。gRPC[5] 是一个 RPC 框架，通常与 ProtoBuf[6] 一起构建，用于定义 RPC 消息以及对应用程序之间的消息进行编码和解码。使用 ProtoBuf 还能够使用各种工具生成客户端 API 绑定、文档和其他帮助管理服务的工具代码。尽管 JSON 格式 REST 是通用的用户友好型API，但带有 ProtoBuf 的 gRPC 使用二进制编码可以提高效率和性能。

云原生应用可以作为规模扩展型应用来构建，多个实例可以共享负载，为了共享传入 API 请求的负载，微服务通常通过网络或应用负载均衡器来访问。负载均衡器功能可以通过代理软件来实现，如 Envoy[7] 或 Nginx[8]，利用服务发现机制拦截两个应用之间的消息。另外，负载均衡器也可以为逻辑功能，打包成库的形式运行在应用程序之中，这通常称为客户端负载均衡。客户端负载均衡作为 RPC 层的一部分来实现，例如使用 Finagle[9] 或 gRPC。客户端负载均衡比外部网络负载均衡器（Network Load Balancer，NLB）可以提供更低的时延和更高的效率，因为它避免了额外的跳数，但要求应用架构使用规定的 RPC 机制。相比之下，独立运行的负载均衡器可以插入拓扑中，而不需要改变应用程序。

云原生应用由于其分布式的特性，需要复杂的故障诊断工具。为了追踪微服务之间的消息传输路径，工具必须在 RPC 消息中携带消息上下文，然后将消息上下文信息与观察到的故障关联起来，帮助开发者诊断问题。诸如 OpenZipkin[10] 等工具利用 OpenTracing[11] 协议和方法，与 gRPC 或 HTTP 层集成，可以实现跨服务的消息追踪，从而提高故障诊断能力。

总而言之，将管理控制平面作为云原生应用来进行构建，不仅有利于实现相关的功能，而且考虑到现有的成熟、开源工具，也能加快开发速度。

　⊖　也可以是微虚机、沙箱等形式，但绝大多数情况下还是使用容器。——译者注

12.4　监测和故障排除

可观测性和故障排除能力在管理控制平面中是必不可少的，同样，在控制平面中构建这些原生能力所需的体系结构也是不可或缺的。

DSN 期望提供高度可扩展的数据路径，例如数十万个网络会话、大量的 RDMA 会话和存储服务功能。仅仅在一个 DSN 上收集的数据量就可能是海量的，因此，在由成千上万的 DSN 组成的整个集群内收集的数据量，需要复杂的数据收集、查询和显示技术。使用分布式数据库作为管理控制平面的一部分，有助于提高规模和冗余度，此外，可能需要使用多种类型的数据库，例如：

- **时序数据库**：帮助观察随时间变化的使用情况和趋势。
- **检索数据库**：帮助对事件、日志和配置进行任意的文本搜索。
- **SQL 数据库**：帮助管理系统资源。
- **图数据库**：帮助跟踪数据关系。

这些数据库大多提供查询语言和数学函数来帮助执行聚合函数，以获得有意义的分析结果。

这里讨论的机制既可以用于系统中的监测应用程序，也可以用于系统本身的故障排除，例如资源使用趋势或故障趋势可以主动提示潜在问题。收集到的应用程序相关数据可以提供更多的系统信息，例如占用资源最高的用户，违反安全规定的工作负载，应用程序之间的网络或存储时延等。鉴于管理控制平面对所有的工作负载及其位置都有完整的视图，它可以提供自动化工具，通过检查收集到的数据或发送检测数据来判断网络内的行为，从而排查全网的问题，如排查网络问题、测量存储性能，或者提供数据来识别和处理异常情况。

在架构上，系统的设计应该是一旦发现问题就主动通知用户。传统的"被动故障诊断"是在问题（软件故障或硬件故障）出现后才进行的，需要领域专业知识来正确诊断。使用历史数据来帮助确定异常，可以提高系统诊断的前瞻性，帮助排除应用程序连接、性能或时延相关的故障。系统正常路径和异常路径的定义和使用与用户关系密切，因此，提供一种让用户定义或帮助学习异常路径的方法可以训练系统，比如可以利用自学习机制来剔除误报。

为了提高数据的易用性，收集的指标应该与配置的对象相关联，这使得指标成为一个重要的概念，即使指标在内部的管理方式与对象的状态不同，也可以关联配置的对象。

12.5　管理控制平面安全

管理控制平面通过 IP 网络将高度敏感的控制信息传递给 DSN，如果这些信息被未经授权的人篡改、拦截甚至读取，就会导致严重的安全漏洞和影响，并可能产生严重的后果。虽然典型的建议是将管理网络与基础设施的其他部分进行隔离，但如果管理网络遭到破坏，就会破坏安全模型，因此，管理控制平面的安全框架应该是负责确保身份管理、认证、授权和加密的流量独立于底层网络连接和假设之外的安全框架。

身份确立和身份验证是确保系统安全最重要的第一步。像 DSN 和控制平面软件组件这样的分布式实体需要被赋予加密身份，然后需要建立一种机制，让这些实体在开始交换信息之前相互证明身份。首先，DSN 应该能够证明自己的加密身份，例如使用管理控制平面可以信任的 X.509 证书，DSN 可以使用硬件安全模块，如可信平台模块（Trusted Platform Module，TPM）[12] 或锁定到基础引导信任根的信任链，以判断其身份；其次，在控制平面内跨一组计算节点运行的微服务应用程序需要相互提供身份以建立信任。通用安全身份框架（Secure Production Identity Framework for Everyone，SPIFFE）[13] 是一项开放的工作，SPIFFE 试图将应用程序标识和机制标准化，以便在这些实体通过不受信任的网络通信之前，使用公共信任根进行相互身份验证。

在控制平面服务和 DSN 之间的所有通信都应使用 TLS 以保证架构的安全，RPC 框架（如 gRPC）原生支持 TLS，为通信安全提供了基础。管理控制平面必须成为所有组件的证书授权机构（Certificate Authority，CA），同时也提供签署证书的机制，系统应确保可以在不共享私钥的情况下完成这项工作。TLS 已被证明可以提供整个互联网的安全性，它可以确保所有的用户数据都是加密的，永远不会被中间人窃听，还提供了不可抵赖的审计和可追溯性。图 12-3 显示了集群内各实体之间的密钥管理和 TLS。

除了认证之外，管理控制平面还需要授权层来确保通信的适当权限，例如允许的连接和 API 操作列表。通常情况下，微服务平台的组件之间不需要非常复杂的授权策略，但会需要基本的授权，如根据应用授权级别定义哪些通信是被允许的。

基于角色的访问控制（Role-Based Access Control，RBAC）定义管理控制平面的外部用户可以或不能做什么，外部用户可以是通过 GUI 或 CLI 对控制平面进行修改的人，也可以是使用 REST 或 gRPC API 与系统交互的自动化脚本或软件组件。控制平面必须定义用户、角色和权限的概念，并允许为角色分配权限，最终让用户使用这些角色。控制平面可能需要与轻量级目录访问协议（Lightweight Directory Access Protocol，LDAP）服务器集成，从组织的数据库中获取用户信息。此外，这些角色的粒度需要足够大，以便对单个对象或对象类别进行各种操作，当然，对系统中的所有 API 调用保留审计日志也是授权的另一个重要方面。

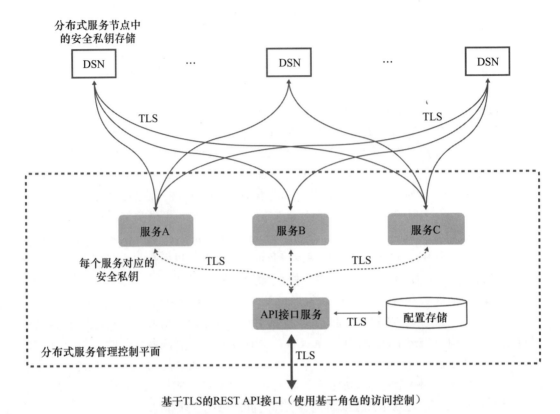

图 12-3　管理控制平面的安全模式

12.6　部署的便利性

　　管理控制平面具有多个独立的服务，这使得部署和操作变得复杂。不过，一个精心设计的系统应该易于安装、配置和操作，同时隐藏底层的复杂性。如果将不需要的细节强加给用户，可能会使系统暴露在架构缺陷中，追求简单的设计并不一定意味着需要在安全性、功能、可扩展性和性能等方面进行妥协。本节将讨论管理控制平面的架构要素，可以使其简单易用，但又不影响安全性、可扩展性等其他属性。

　　架构上要便于部署控制平面软件，应打包所有组件，并以最小的配置来引导控制平面的启动。如果将软件捆绑在物理机或虚拟机上启动，可以轻松做到这一点。控制平面启动后，就可以启动所有需要的服务，并提供启动向导进行 day-0 设置。在用户使用 Kubernetes 等微服务部署平台的情况下，可以使用 Helm 等工具来部署管理控制平面[14]。在公有云上部署 Kubernetes 会更容易，因为大多数公有云都提供可管理的 Kubernetes 服务。

DSN 需要能动态地从集群中添加或删除，这就提出了另一个需要简化的 day-0 操作，以适应 DSN 的检测、发现和进入管理控制平面的授权。DSN 启动时必须获取管理控制域名地址后才能与控制平面通信，DSN 可以通过在公有云或企业内部响应 DSN 发送的报文来实现自动发现。DSN 也可以采用其他基于网络的发现机制来发现管理控制平面，如 DHCP 服务。

简化 day-1 和 day-2 的操作，如配置、故障排除、升级等，需要考虑很多架构上的问题。具体来说，系统必须提供一个对象模型，准确地发现业务功能，提供对系统的可视性，并允许以向后兼容的方式方便地升级新功能。系统还应该建立足够的 API 和 Lib 库，以确保与现有软件工具的集成更加顺畅。大多数的软件和系统，无论是商业软件还是开源软件，在部署和运维中都提供 API 接口和基础架构来添加插件，例如预装的工具可以与 Ansible、Chef 或 Puppet 等配置管理工具一起使用，集成 syslog 可以给用户提供统一日志分析工具。使用 Helm 或 Kubernetes 图表工具为应用部署和升级操作提供方案，可以帮助用户使用经过验证的程序包。很多用户都会自带指标分析工具，因此设计目标应该关注于将指标和模式与可视化工具（如 Grafana 或 Kibana）轻松集成，如果适用的话，可以提供集成堆栈的插件，如 ELK[15] 或 TICK[16]。

为了简化操作，管理控制平面提供的故障诊断软件和工具必须提供端到端的视角，该工具应该在系统本身出现部分故障的情况下也能保持运行。为了实现最好的恢复能力，诊断软件和工具需要在"预留"资源分配和隔离的背景下运行，这样，即使在系统出现异常压力、故障或资源枯竭时，诊断工具也能正常运行。确保诊断工具的稳定性和可靠性，是通过管理控制平面对更广泛的基础设施进行故障诊断的首要条件，而诊断工具则不应造成任何的不稳定。12.4 节讨论了一些可以用来排查基础设施问题的工具。

12.7　性能和规模

分布式系统的可扩展性是一个被大量研究和探索的问题[17]，重点是实现一致性、复制、高可用性、事务、并发性、性能和可扩展性等。这些技术包括分布式共识构建、无锁同步、工作负载分布式分片、缓存和缓存失效、并行化划分、数据复制一致性等。关于这些技术的讨论不在本书的讨论范围之内，读者可以阅读相关参考文献。这些技术已经成功地应用于一致的键值存储实现，如 Zookeeper[18] 或 Etcd[19]；分布式时间序列数据库，如 Prometheus[20] 或 InfluxDB[21]；分布式 NoSQL 数据库，如 Cassandra[22]、MongoDB[23] 或 Redis[24]；分布式 SQL 数据库，如 CockroachDB[25]；分布式对象存储，如 Minio[26]；分布式检索数据库，如 ElasticDB[27]；以及分布式消息总线，如 Kafka[28] 或 NATS[29]。琳琅满目的工具有点让人目不暇接，但随着我们深入研究场景及其架构，有一点会变得很清楚：不同的解决方案是为了解决不同的业务问题而存在的。因此，数据库、键值存储或消息总线应该根据 DSN 产生的数据性质和管理控制平面内的数据性质来进行合适的选择。事实上，微服务架构要求每个业务功能使用单独的技术，而不是将所有的需求合并到一个后端数据库中。拆分这些功能，不仅可以实现每个业务功能的独立扩展，而且有利于每个实体的横向扩展，从而提高管理控制平面的性能。此外，在架构上，它还允许管理控制平面仅仅通过增加更多的通用计算资源来解决可扩展性问题，而不会产生单点故障或性能瓶颈。

分布式平台的规模由以下因素决定：

- **DSN 的数量：**这衡量了管理控制平面服务于 DSN 规模的能力。每个 DSN 本身就是一个被管理的实体，因此需要额外的工作来管理它们的生命周期，如发现、监控、升级等。集群中的每一个 DSN 都会增加管理控制平面的负担，这意味着要处理更多的事件，产生更多的指标，以及将策略分配给更多的实体。另外，该参数要尽可能的高，同时避免将集群拆分，给运营者带来负担。需要注意的是，如果有基于连接区域或故障域的最大规模的限制，可能就要求选用多个管理域或集群管理方案。

- **对象的数量：**配置通常使用发布在 REST API 上的 CRUD（Create，Read，Update，and Delete）操作来管理。每个配置的对象都代表所需功能的概念实例。因此，集群规模或工作负载密度的增加会导致系统内实例化更多的对象，更多的对象导致要保存更多的数据，指标数量也随之增加，最重要的是，增加了发送给对应接收者的对象数量。

- **API 的性能：**这是管理控制平面每秒处理用户请求数量的能力，这个数量越多越好，但是要注意确定各种对象上的请求性质。为了成功地服务于 API 请求，管理控制平面需要对 API 调用进行身份验证和授权，并对 API 调用进行验证检查，因此，扩展 API 的速率可能需要在集群中运行多个入口点，并优化缓存以更快地服务于读取操作。

- **指标规模：**这是管理控制平面每秒接收系统内 DSN 或控制平面内产生的数百万个指标的能力，并需要据此选择适当的指标数据库，该数据库需要具有足够的冗余能力和分片能力来构建横向扩展能力。时序数据库（Time Series Database，TSDB）就是一个很好的选择，可用于管理指标数据并对数据进行查询，执行聚合函数等。

- **事件规模：**是指管理控制平面处理集群中各种分布式实体产生的大量事件的能力。在分布式系统中处理事件包括处理系统中各种实体产生的大量事件，以及管理控制平面从这些事件中找到用户可操作任务的能力。此外，所有的事件和日志可能需要导出到外部收集器。当事件以非常大的规模产生时，最大的挑战就变成了怎样采取有意义的处理，以及在某些事件、系统状态、指标和用户操作之间建立关联。这种关联性和分析最好使用本节前面介绍的高级工具来完成。

- **数据平面规模**：这是管理控制平面对数据路径产生的数据的处理能力，例如指标、日志、数据路径活动的可搜索记录等。归根结底，分布式服务平台的目的是为工作负载提供数据路径中的服务，因此，处理可扩展数据路径的能力至关重要。

在本章的后续部分，我们将讨论如何测试这样一个系统的规模。

12.8　故障处理

一个系统如果没有处理各种内部或外部故障的能力，那么它就是不完整的。因此，在设计系统时就要充分地考虑到故障的发生，尽管故障处理会使系统架构变得复杂，但这对于系统的可靠运行至关重要。

根据问题的不同，处理故障的机制也不同，在冗余、效率和性能之间的平衡很重要，这些机制包括：

- **数据复制**：数据复制可以避免因单点故障造成数据丢失。当然，多路复制可能会带来更好的弹性，但代价是性能的降低。本章中讨论的分布式数据库大多数都能够复制数据，并在发生故障时继续完整运行。

- **网络冗余**：冗余的网络连接可以有效处理链路故障、网元故障或 DSN 故障，并确保基础设施可以在最小干扰下，使用冗余连接实现收敛。

- **按需获取资源**：为系统提供额外的处理能力，确保系统可以按需获取备用的可用资源。将管理控制平面作为云原生应用来实现，如通过 Kubernetes 等，有助于基础设施软件按需获取资源和调度。

- **对账（reconciliation）**：网络故障可能导致分布式实体不同步。恢复网络连接后，分布式实体必须与最新的用户意图保持一致，如前文所述（见 12.2 节），声明式模型帮助分布式实体将系统与最新的意图协调起来。

- **在线升级（in-service upgrade）**：可以利用云原生基础设施工具（如 Kubernetes）的基本功能，一次升级一个微服务组件，在不需要中断应用程序的情况下逐步更新旧版本，从而完成管理控制平面新版本的升级。执行此升级需要构建向后兼容的 API，这样应用程序就不需要一起升级。下一节中将详细讨论 API 架构。

管理控制平面的系统最低期望是在不中断的情况下处理单点故障，并能够从多个同时发生的故障中恢复正常运行，对用户的影响最小或没有影响。这里有不可恢复故障和可恢复故障：可恢复故障通常是由于软件故障（如进程崩溃）、可纠正的人为错误（如配置错误）或连接问题（如网络错误）引起的；由于硬件故障（如内存错误、磁盘故障、传输设备故障或电源故障）而发生的故障属于不可恢复故障，不可恢复故障可以是硬故障或软故障。硬故障是突然发生的，通常是不可预测的，例如系统停止。因此，故障处理必须考虑到系统可能永远没有机会预测故障。缓慢进行并随着时间增长的故障称为软故障（不要与软件故障混淆），例如磁盘寿命的恶化、I/O硬件中的位错误增加，或者软件内存缓慢泄漏降低了系统的可用性。理想情况下，软故障可以根据相关指标在特定方向上的趋势来检测（根据指标的不同，可以是不增加的，也可以是不减少的）。

　　将所有管理控制节点放在具有可达 IP 地址的负载均衡器后面，可确保管理控制平面的系统最佳可用性，这样做可以在不中断任何服务的情况下为外部用户提供服务，还可以通过在服务的多个实例之间分担传入的 API 请求来提高总体性能。

12.9　API 架构

　　API 是管理控制平面中面向用户的可编程接口。图形用户界面（Graphical User Interface，GUI）和命令行界面（Command Line Interface，CLI）利用 API 提供其他机制来管理系统，API 应该简单易用、直观易懂、性能高，并通过认证和授权访问机制来确保安全，API 还必须是向后兼容、自记录和可扩展的。图 12-4 描述了一个由管理控制平面的 API 层组成的组件集示例。

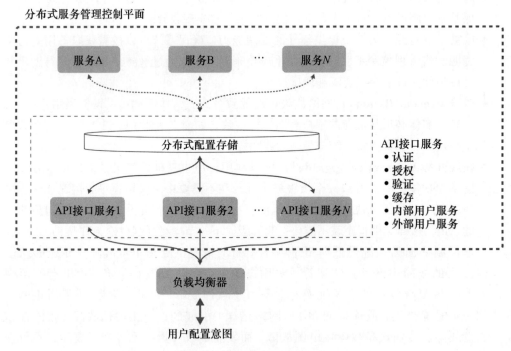

图 12-4　API 服务的功能和架构

下面讨论一下实现这些期望属性的设计原则：

- **简单易用**：系统 API 应该易于理解使用，例如 REST/JSON API 可能是很多用户熟悉的接口。使 API 更简单的一个重要方面是，如果文档作为 API 的一部分来描述对象及其字段，那么文档本身就是 API 的一部分；另一个可以简化 API 的做法是：API 对象的结构使用熟悉的语义结构，这可以简化对于 API 的理解。用流行的语言提供客户端代码来访问 API，可以解决集成的难题。返回有意义的错误信息，对于提高 API 的可用性有很大帮助。使用自动化工具来生成客户端代码或文档，也可以避免在描述事情可重复部分的人为错误。REST API 中各种对象的简化 URL 路径可以提供用户与系统交互的便捷方式，可以使用常用工具来管理 REST API。

- **API 的安全性**：API 作为系统的入口，会暴露出攻击面，因此必须将每一个对象或 API 的访问与用户及其角色绑定在一起。此外，各种操作的粒度，包括创建、更新、获取、删除等，也应该与 RBAC 模型绑定。API 应该只能通过 HTTPS 或 TLS 等加密传输方式进行访问，该机制必须采用短期证书或有时间限制的 JSON 网络令牌（JSON Web Token，JWT）[30]，在可配置的时间段内授权给特定用户，这可以确保即使凭证泄露，影响也是有限的。只有非常特定的用户角色才能改变用户的凭证，即修改 RBAC 对象。万一出现泄露，用户应该能够立即撤销凭证。管理控制平面也会受到 DoS 攻击，大量的 API 请求会使授权用户无法访问系统，管理控制平面可以采用限制速率的方法来限制每个用户每个对象的 API 调用次数。最后，一个简单而有效的措施是，可以在一个 TCP 端口上接受所有的传入请求，从而减少攻击面，当然，也不会对未经授权的访问放开任何后门，但要注意的是，RBAC 不仅控制了执行 CRUD 操作的权限，还控制了基于用户角色的数据返回。

- **API 审计**：能够对进入系统的所有 API 调用进行审计，是系统重要的安全特性，因此，保存尽可能长的审计日志和所有必要的细节，可以让用户了解到谁访问了 API，什么时候访问的，为什么允许访问，执行了什么操作，以及从哪里进行的操作。可查询的审计日志对改善管理控制平面的安全态势有很大的帮助。

- **性能和规模**：API 的性能来自减少的相关后端处理量，如执行身份验证、授权、对象语法检查、语义检查、审计等功能。采用缓存可以提高性能，使用并行线程同时执行多个验证和错误检查，可以实现更快的响应。除了改善整个 API 的处理时间之外，把 API 实现放在管理控制平面节点的所有 scale-out 实例中还可以支持横向扩展。

- **向后兼容性**：随着 API 的采用和围绕 API 生态系统的建立，API 的兼容性就变得很重要。一般来说，API 应该保持兼容性，谨慎选择会破坏兼容性的行为，如果这些行为必须发生，则应该对 API 进行严格的版本控制。也就是说，新的版本应该支持新的 API，而管理控制平面需要继续支持老版本的 API，以确保老用户可以在不受影响的情况下使用系统，但如果他们想升级到较新的功能，又同样允许他们能够升级到较新的版本。使用 REST/JSON 结构可以在不破坏向后兼容性的情况下，轻松地将增量字段添加到现有对象中，但是对象关系的语义变化或字段含义的变化需要进行版本升级。

- **可调试性**：在不影响系统行为的情况下，对 API 调用进行调试运行，让用户可以使用 API，并确保对各种字段和参数的理解是正确的。此外，精确的错误处理代码和清晰的错误信息可以显著提高 API 的可调试性。
- **事务性语义**：通常情况下，用户可能希望以原子操作的方式创建或修改多个对象。API 后端需要支持事务性语义，允许用户将这些对象一起创建，并作为一个单元进行验证，然后一次性提交。

12.10 联邦

本节将解释软件定义服务平台（Software Defined Services Platform，SDSP）联邦的概念，并介绍策略驱动的管理架构采用联邦的一些常见原因。

在谈论联邦化管理之前，有必要回顾一下常见的非联邦化服务管理。最常见的架构应该是"集中式管理"，这种架构在中小型环境中的单一位置上运行良好。在集中式管理系统架构中，通常有一个 SDSP（其本身可能由多个分布式控制节点组成）位于一个地点，如数据中心内。

SDSP 的核心职责之一是对 DSN 进行全生命周期管理，包括以下内容：

- 许可权，允许 DSN 加入 SDSP 管理域；
- 资源清单；
- 监控；
- 升级和降级；
- 服务、规则和行为等方面的策略分发；
- 停用或从 SDSP 中删除 DSN。

SDSP 通常还提供其他关键功能，如：

- RBAC（基于角色的访问控制）；
- 多租户；
- 系统级的监控和告警；
- 系统级遥测的关联和报告；
- 审计工作；

- 分布式服务的日志收集（如防火墙、工作负载和负载均衡器等）；
- 诊断和故障排除工具；
- 系统级的软件和镜像管理。

在这种架构中，SDSP 被认为是域中所有策略和配置的"单一数据源"，通常情况下，规则和期望行为等来自外部系统，如自定义配置管理数据库（Configuration Management DataBase，CMDB），规则和配置通常通过基于 REST 的 API 或 gRPC 从编排引擎或类似引擎推送到 SDSP。

12.10.1 SDSP 的扩展性

随着域中托管 DSN 数量的增加或者启用的工作负载或服务（如防火墙、负载均衡器等）数量的增加，在诸如容量（日志、事件、审计、策略、统计等空间）或性能（策略、事件、遥测的处理，以及其他系统服务）方面会导致 SDSP 受到资源的约束。通常，SDSP 可以以 scale-out 或 scale-up 的方式进行扩展，但实际上，单个 SDSP 只能扩展到某一规模，其中原因将稍后讨论。

scale-up 通常是最简单的解决方案，每个分布式节点都会被升级（或迁移到不同的计算系统）以获得更多的资源，如 CPU 核、内存和存储等。然而，与 scale-out 相比，这往往是一个昂贵的解决方案，而且通常情况下，无限制地扩展节点既不实用也不可能[⊖]。

scale-out 通常是更好的解决方案，在 SDSP 中增加额外的控制器节点，这样既可以重新分配微服务，又可以增加微服务的数量，从而减少每个控制器节点的平均负载。然而，在 SDSP 中添加过多的控制器节点也会带来挑战，特别是当数据需要在所有节点之间保持持久性和一致性时。这样的系统是以线性扩展的方式构建的，但在某些时候，增加过多的节点会导致时延增加或每增加一个节点的性能收益降低（即非线性扩展），这通常是由系统更新引起的，如事件、统计、状态和配置变化等系统更新，因为有更多的节点参与更新。构建一个在扩展时保持低时延的大规模分布式系统比构建一个以提供高吞吐量为目标的系统要困难得多，如图 12-5 所示。

还有其他原因导致使用单一的 SDSP 不实用，单个 SDSP 域确实提供了故障恢复能力（对于单节点或多节点故障），但单个 SDSP 本身就可以视为故障域。即使是最复杂、最稳定的

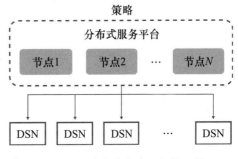

图 12-5 单个分布式服务管理器

⊖ scale-up 即纵向扩展，主要是利用现有的系统，通过不断增加系统的存储、CPU、内存等资源来满足数据增长的需求。scale-out 即横向扩展，通常是以添加新节点的方式进行。——译者注

系统也不能保证完全不受故障和基础设施异常的影响。对于许多客户来说，SDSP 的规模受限于可接受的安全区域大小，以减少攻击面，另外，考虑到要管理跨多个数据中心的 DSN，并考虑到灾难恢复（Disaster Recovery，DR），单一的 SDSP 可能并不实用。

为了应对这些挑战，我们建议使用多 SDSP 作为首选方案。多 SDSP 方法可以通过使用分布式 SDSP 架构或联邦式 SDSP 架构来构建。这两种方案将在下面的小节中讨论。

12.10.2　分布式多 SDSP

减少域的大小的一种方法是创建多个分布式 SDSP，这种方法可以在单个数据中心内或跨数据中心完成。在这种架构中，每个 SDSP 作为一个独立的系统，而其他 SDSP 作为对等体共存。在这种方法中，全局策略在这些独立的系统中分发和应用，这是这种系统常见的架构方法，因为这样对集中式单域模型所需的修改很少。然而，这种方法带来了一定的复杂性：随着架构扩展到更大的数量，分布式 SDSP 增加了配置漂移的风险，以及由于同步或人为配置漂移导致的 SDSP 之间潜在的策略一致性问题。可见性和故障排除可能不太容易，因为每个 SDSP 都有自己的视图，并且独立于其他系统而工作，这些系统之间的故障排除和事件之间的关联通常是一个挑战，如图 12-6 所示。

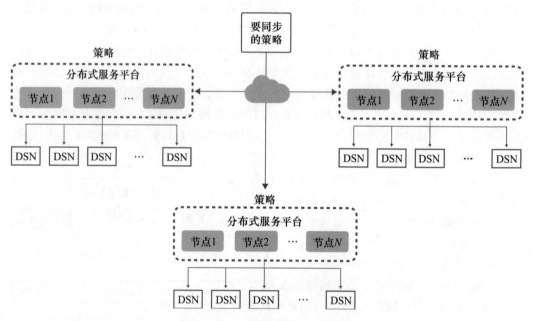

图 12-6　多个分布式服务管理器的部署

12.10.3　多 SDSP 联邦

联邦有不同的概念解释，它的架构是一个分层树状结构，而不是对等的架构，更多的是作为跨多个域的单一系统运行，如图 12-7 所示。

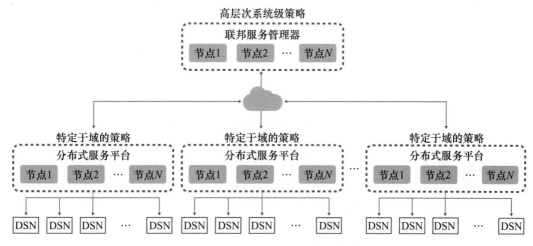

图 12-7　多分布式服务管理器的联邦

联邦服务管理器（Federated Service Manager，FSM）通常会提供集中式的系统服务，并管理高层次的策略定义，而不是单个域的特定数据，例如本地 IP 地址、网络等。这些策略使用名称或标签等高层次描述符来描述意图，高层次策略使用易于理解的名称或标签进行命名，而不是实际的属性值。这些名称或标签稍后将解析为与 SDSP 域本身（特定于域的数据）相关的有意义的和特定的内容。高层次策略主要包括：

- 授权策略（例如不允许本地用户认证，只允许通过 RADIUS 或 LDAP 进行外部认证）；
- 网络服务，如安全策略；
- 备份调度策略定义；
- 可选网络服务与强制性网络服务（例如负载均衡器是可选的，防火墙是强制性的）。

每个 SDSP 都包含与自身管理域和资源相关的域特定策略和配置。各个 SDSP 还对如何解析高层次策略定义（属性值或数据）中的命名引用有自己的理解。这样一来，系统就可以和谐地运行，减少漂移和策略不一致的风险。

例如，如果每个 SDSP 有两个网络，标记为数据库和 AppX，而每个 SDSP 域对这些网络使用不同的子网和 VLAN ID。假设有一个高层次 FSM 策略，描述了数据库和 AppX 这两个网络的防火墙规则，则每个 SDSP 接收到高层次 FSM 策略后，根据自己对子网和

VLAN ID 的定义单独解析这些标签，然后 SDSP 根据对定义的了解应用规则。从 FSM 层面上看，规则是一样的，但在 SDSP 层面上，定义是不同的。

这种架构带来了系统性的好处，包括：

- 全局策略的定义和执行；
- 可视性；
- 事件的相关性；
- 故障排除；
- 报告；
- 集中的软件和镜像存储库。

该架构自上而下强制执行系统策略，如果无法在 SDSP 本地提供策略，则会继承这些策略。全局策略也可以作为"指导原则"，在这里，系统从本地域到上层父域以分层的方式来解析策略。

如果策略存在，将首先尝试在单个 SDSP 一级（以分层的方式）进行解析。如果不能在 SDSP 一级解析，则将从 FSM 中的策略解析（也是分层的）。

FSM 和 SDSP 通常是松耦合的。每个 SDSP 负责解析自己的策略，并且每个域可以在异常期间单独操作，包括从联邦系统中断开连接（断开连接的原因可以是计划内的或计划外突发的）。总是有可能发生例外情况，在这种情况下，SDSP 必须能够作为一个独立的管理系统在联邦之外运行一段时间，然后再重新加入联邦。一旦 SDSP 重新加入联邦，在联邦系统中添加或更新的任何新策略（适用于域的）都将发给 SDSP。

策略的相关性可以通过 SDSP 的订阅和拉取机制来管理，而不是通过联邦服务管理器的推送机制来管理。每个 SDSP 负责从联邦系统中请求策略，但是，如果 SDSP 对任何的现有策略进行了本地更改（在断开状态下），与联邦服务管理器中的高层次策略相冲突，则系统需要检测并识别出需要解决的冲突。解决冲突的操作通常由 SDSP 而不是 FSM 执行，系统应该提供冲突的细节，提供影响分析，并提出各种解决方案。

警告或反例是不要将域策略定义在整个联邦级进行同步，因为这可能与同一联邦中的其他 SDSP 冲突。前面讨论的分布式 SDSP 模型也存在类似的问题。

同时，建议不要显式地重写继承的策略，虽然在某些情况下可能是必需的。例如，所做的更改违反了某些基本安全设置，如本地身份验证异常。

解决全局与局部策略冲突的方法有很多。在某些情况下，冲突可以自动解决，但没有一个"灵丹妙药"或公理可以自动适用于解决所有策略冲突。总的来说，解决方案将归结为人为干预和相关管理人员的常识。时间也是解决策略冲突的一个重要因素，有时解决问题可能会被推迟，有时解决问题需要立即进行，这取决于冲突的具体情况。

联邦系统负责监控系统中各个 SDSP 和相关组件的运行状况。FSM 经常还可以提供集中式服务，例如存储安全并经过验证的软件镜像，以供 SDSP 使用。FSM 通常有某种类型的面板，它可以提供所有单个域的单一系统范围的相关视图以及故障排除工具，并提供对单个域、租户和用户无缝管理的统一支撑。

请注意：FSM 通常不会从所有单独的 SDSP 中获取全部数据，如日志、遥测、事件和统计信息。这样做效率很低，因为数据量可能非常大，这取决于域的数量、DSN 的数量、网络服务的数量等。相反，FSM 将包含数据的子集，并实时查询各个 SDSP 以获取特定数据，在呈现之前处理接收到的数据，以提供数据集中存储的能力。

总之，联邦是跨越多个数据中心的多个 SDSP 系统或减少单个数据中心内的故障域和安全域的一种方法。联邦可以提供高层次策略（非特定于 SDSP 的属性）和系统性的服务。FSM 为加入联邦的所有 SDSP 提供全局服务（例如软件镜像仓库）。联邦提供跨 SDSP 的管理，并能够关联事件、告警和日志等信息。

除了联邦之外，其他分布式系统架构也很常见，并提供类似的功能，但随着其规模的增加，有时管理起来也很困难。

12.11　规模和性能测试

SDSP 系统的设计应该能够处理大量端点或 DSN，因此，SDSP 系统的所有功能和组件都需要在开发过程中进行全面的测试，以确定其规模、性能和弹性。

测试应该确认架构是有效的，并且可以提供预期的规模、性能和鲁棒性，测试的目的应该是找出弱点和关键瓶颈。研究表明，系统中的故障往往是由于架构无法扩展以满足用户需求而导致的，而不是功能缺陷。因此，除了传统的功能测试外，还需要进行规模负载测试。

规模和性能测试是 SDSP 开发过程中的关键方面。这是一个持续的过程，应该在开发阶段中尽早开始。开发和集成测试需要模拟单个组件，模拟也有助于测试规模和架构验证。

规模测试可以分为三个阶段：

1. 规模测试设计（定义实际负载的模型）；
2. 规模测试执行（定义如何运行测试）；
3. 测试结果分析。

SDSP 中的所有组件都应该可以和谐地运行，特别是在极限场景下。缓冲区、缓存、进程和服务等应该相对均衡，系统在重负载下仍然能够正常运行。系统应该采取合适的设计以便处理突发事件并提供可预测性。极限测试是确保系统在极限场景下以最佳方式运行的常用方法。

SDSP 系统应易于扩展以获得性能和容量，易于故障排除，并且易于规模管理。优秀的设计可以隐藏内部的复杂性，管理一个 SDSP 几乎和管理数千个 SDSP 一样简单。最终用户在系统规模增加时，不应该感受到复杂性的增加和性能的降低。基于意图的和策略驱动的管理是很好的选择。一个很好的例子是思科 UCS 管理器，它可以解决规模管理的问题。

SDSP 架构由许多不同的"可替换组件"组成，在架构的设计过程中需要考虑许多方面，例如不同的组件如何相互作用、如何内部扩展以及怎样才能提高效率和资源利用率。下面是一些应该考虑的组件：

- 控制平面；
- 数据平面；
- 管理平面；
- 安全性（部件之间的交互）；
- 不同功能的微服务；
- 服务之间和节点之间的通信和同步机制；
- 内部和外部服务请求的负载分配；
- 事务数据（用户意图、策略突变和其他状态变化）；
- 需要处理或分析的非事务性数据（日志、事件等）；
- 用户界面，如 API、GUI 和 CLI 的可用性、规模和响应速度；
- 故障检测和处理；
- 内部对象的数量和大小；
- 日志和其他形式内部数据的大小。

所有系统特性和组件都需要极限规模测试，但是大多数测试环境没有支持真正物理计算节点或 DSN 的极限规模测试平台。SDSP 系统进行规模测试需要使用其他方法，例如使用各种虚拟化技术（如虚拟机或容器）的仿真器。

在构建极限测试平台时，重要的是要了解极限场景下客户实现在 SDSP 的能力和功能、支持的网络服务等特性。

SDSP 系统中有许多不同的数据点，所有数据点都应考虑最大值、突发值和平均值。表 12-1 描述了一些常见的数据点，这些数据点大致可以简单地分为 3 个方面：规模、负载，以及管理和监控特征。

表 12-1　规模

领域	描述
规模：每个 SDSP 的 DSN 数量	有助于确定所需试验平台的规模、仿真器的数量等
工作负载特征：每秒连接数、活动流数、终结点数	由每个 DSN 定义，表明每秒遥测和统计数据收集生成的数据量。这些数据通常汇总到系统级负载表中

（续）

领域	描述
管理和监控：策略的数量、类型和大小；每秒更新次数；每秒调用次数	有助于预估策略数据库的大小和所需的更新数，以及不同 DSN 的策略分配和实施，还表明每秒预期由 API 网关处理的 API 调用数

为了给系统未来的增强功能留出空间，架构的可扩展性设计需要远远超出最初的需求，这一点很重要。

基于前面描述的数据点，可以针对诸如事件、待处理的遥测数据量、状态变更、流、日志条目和大小、用户请求等方面调整某些测试数据参数的大小。这种测试参数大小的调整提供了测试拓扑的模型和测试运行方式的信息。

由真实组件和模拟组件组成的测试拓扑提供了许多好处。模拟器经济实惠，易于扩展，易于控制。另一个重要方面是执行各种形式的故障注入的能力。模拟器可以模拟硬件故障、状态、温度、错误行为等，这些通常很难用物理硬件完成。

物理 DSN 和模拟 DSN 在测试期间都需要处理实际流量，并测试每个 DSN 所需的实际网络、存储和 RDMA 流量。容器和其他虚拟化技术非常适合运行模拟器。单个物理主机上可以运行的模拟器数量取决于物理主机资源以及模拟器的资源消耗情况。每个物理服务器一般可以运行数百个模拟器。

为了生成有效的大规模仿真测试拓扑，必须为给定的配置模型生成配置和流量。这可以看作是对"基础设施和流量格局图"的实施，可以验证预期行为。这样就能够创建大规模的真实测试场景，测试单个或聚合的工作负载，并测试特定的用例。

测试基础设施应该是动态的，并且设计成易于扩展以实现更大的测试目的，易于注入新的测试，并且是完全自动化的。以下是一些可用于大规模测试设计的通用准则：

- 运行多个场景，例如从小规模测试开始，将规模和负载测试增加到极限测试场景。完成后应将结果进行比较，以便更好地了解系统的行为随着规模和负载的增加而发生的变化。
- 长时间运行测试，以确保目标系统不会随着时间的推移在大规模负载下产生性能和功能的下降。
- 使用多个并行测试平台对不同场景进行并行测试。
- 利用人工智能和机器学习或其他形式的分析来生成测试结果报告，并分析单个 DSN 的行为和集群的行为（SDSP）。
- 发现限制点比运行大规模测试更为重要，包括比预期更大的日志数据。在测试期间，运行用户对数据的实际操作，例如各种报告、趋势分析和各种搜索，以验证可接受的响应。

测试通常分为三类：性能测试、压力测试和负载测试。测试应该单独运行，也应该结合以下类型的测试运行：

- 负载测试旨在验证负载下系统功能的正确性。
- 性能测试旨在正常条件下验证架构的性能，包括服务、算法等。
- 压力测试旨在测试异常情况，例如比预期更高的时延和更低的带宽。

需要考虑系统的所有组件，测试结果应该针对单个组件（DSN、算法、服务等）以及系统的行为进行分析。

12.12　总结

本章提出了管理控制平面架构，它使用容器化的微服务构建，具有安全性、可伸缩性、高性能、可调试性、弹性和可扩展性，是使用容器编排工具（如 Kubernetes）构建的系统，运行使用向后兼容 API 通信的微服务，呈现可伸缩、弹性和可升级的部署模型。本章首先提出了一个实现方案的选择，该实现方案允许独立地创建和迭代业务功能，并介绍了如何在系统的所有组件之间使用双向 TLS 来提供一个高度安全的架构。然后提出了一致性执行联邦策略并可以在多点部署中进行调试的机制。最后讨论了将管理系统构建为云原生应用的挑战，并讨论了应对这些挑战的技术。

12.13　参考文献

[1] Cloud Native Computing Foundation, "Sustaining and Integrating Open Source Technologies," https://www.cncf.io

[2] Kubernetes.io, "Production-Grade Container Orchestration," https://kubernetes.io

[3] Docker, "Docker: The Modern Platform for High-Velocity Innovation," https://www.docker.com/why-docker

[4] Apache Software Foundation, "Program against your datacenter like it's a single pool of resources," http://mesos.apache.org

[5] Cloud Native Computing Foundation, "A high performance, open-source universal RPC framework," https://grpc.io

[6] GitHub, "Protocol Buffers," https://developers.google.com/protocol-buffers

[7]　Cloud Native Computing Foundation, "Envoy Proxy Architecture Overview" https://www.envoyproxy.io/docs/envoy/latest/intro/arch_overview/arch_overview

[8]　Nginx, "nginx documentation," https://nginx.org/en/docs

[9]　GitHub, "finagle: A fault tolerant, protocol-agnostic RPC system," https://github.com/twitter/finagle

[10]　OpenZipkin, "Architecture Overview," https://zipkin.io/pages/architecture.html

[11]　Cloud Native Computing Foundation, "Vendor-neutral APIs and instrumentation for distributed tracing," https://opentracing.io

[12]　Wikipedia, "Trusted Platform Module," https://en.wikipedia.org/wiki/Trusted_Platform_Module

[13]　Cloud Native Computing Foundation, "Secure Production Identity Framework for Everyone," https://spiffe.io

[14]　Helm, "The Packet manager for Kubernetes," https://helm.sh

[15]　Elastic, "What is the ELK Stack? Why, it's the Elastic Stack," https://www.elastic.co/elk-stack

[16]　InfluxData, "Introduction to InfluxData's InfluxDB and TICK Stack," https://www.influxdata.com/blog/introduction-to-influxdatas-influxdb-and-tick-stack

[17]　Distributed Systems Reading Group, "Papers on Consensus," http://dsrg.pdos.csail.mit.edu/papers

[18]　Apache Software Foundation, "Zookeeper," https://zookeeper.apache.org

[19]　Cloud Native Computing Foundation, "etcd: A distributed, reliable key-value store for the most critical data of a distributed system," https://coreos.com/etcd

[20]　Prometheus, "From metrics to insight," https://prometheus.io

[21]　Universite libre de Bruxelles, "Time Series Databases and InfluxDB," https://cs.ulb.ac.be/public/_media/teaching/influxdb_2017.pdf

[22]　Apache Software Foundation, "Cassandra," http://cassandra.apache.org

[23]　MongoDB, "What is MongoDB," https://www.mongodb.com/what-is-mongodb

[24]　Wikipedia, "Redis," https://en.wikipedia.org/wiki/Redis

[25]　GitHub, "CockroachDB - the open source, cloud-native SQL database," https://github.com/cockroachdb/cockroach

[26]　GitHub, "MinIO is a high performance object storage server compatible with Amazon S3 APIs," https://github.com/minio/minio

[27] Wikipedia, ElasticSearch, https://en.wikipedia.org/wiki/Elasticsearch

[28] Apache Software Foundation, "Kafka: A distributed streaming platform," https://kafka.apache.org

[29] Github, "NATS," https://nats-io.github.io/docs

[30] JSON Web Tokens, "JWT," https://jwt.io/introduction